Movable Type 6
本格活用ガイドブック

テンプレートのカスタマイズとData APIを徹底攻略！

藤本 壱・柳谷 真志・奥脇 知宏［著］
シックス・アパート株式会社［監修］

●本書のサポートサイト

http://book.mynavi.jp/support/pc/4861/
本書のサンプルデータ、訂正情報などを掲載しています。

- 本書は2013年10月段階での情報・仕様に基づいて執筆されています。
- 本書の解説はMovable Type 6.0にて行っています。Movable Typeの画面や仕様、機能、操作などは、すべて6.0のものです。執筆以降に、Movable Typeのアップデートなどにより、画面や操作が変更されている可能性がありますので、ご了承ください。
- 本書中に掲載している画面イメージは、特定の設定に基づいた環境にて再現される一例です。ハードウェアやソフトウェアの環境によっては、必ずしも本書通りの画面にならない場合があります。あらかじめご了承ください。
- 本書に記載された内容は、情報の提供のみを目的としております。したがって、本書を用いての運用はすべてお客様自身の責任と判断において行ってください。
- 本書の制作にあたっては正確な記述につとめましたが、著者や出版社のいずれも、本書の内容に関してなんらかの保証をするものではなく、内容に関するいかなる運用結果についてもいっさいの責任を負いません。あらかじめご了承ください。
- 本書中の会社名や商品名は、該当する各社の商標または登録商標です。本書中ではTMおよび®マークは省略させていただいております。

● はじめに

2013年10月17日に、Movable Typeが3年9か月ぶりにメジャーバージョンアップし、Movable Type 6.0になりました。
Movable Type 6.0は、Movable Type 5.xまでとの互換性を保ちつつ、一方で「Data API」という新機能を搭載しました。Data APIは、様々なプログラム言語からMovable Typeのデータにアクセスする仕組みで、Movable Typeの活用の幅を広げる可能性を秘めています。特に、Movable TypeをWebアプリケーションやスマートフォンアプリケーションのバックエンドとして使うのに、Data APIが役立ちます。
本書では、このData APIを中心に、Movable Type 6.0の基本から解説していきます。既存ユーザーの方も、また新規ユーザーの方も、本書でMovable Type 6.0に親しんでいただければ幸いです。

藤本 壱

Movable Type 6.0の登場は、MTの位置づけがWebサイト構築用CMSから、さらに幅広い用途に使えるCMSとして進化した第一歩だと思います。Data APIに関してはプログラム要素が強いのは事実ですが、これまでのMTと同様の使い方はもちろんのこと、少しの工夫とアイデアでさらに幅広く活用することができる可能性を持っていると思います。
本書がMTを使ったWebサイト構築、さらにはその先の何かに役立ち、MTコミュニティの発展に寄与できれば幸いです。

奥脇 知宏、柳谷 真志

● 本書の構成について

本書は次の4つのChapterから成り立ちます。それぞれのChapterでテーマは完結していますので、やりたいことや知りたいテーマに沿って、適宜読み進んでください。

Chapter 01　Movable Typeの環境構築

Movable Type 6.0の概要や、インストールの手順など、基本的な事項をまとめます。環境構築については、応用・活用方法も含めてここで取り上げています。

Chapter 02　テンプレートのカスタマイズ

Movable Typeでのサイト制作の流れから、テンプレートの基礎的な話、そして変数を利用した高度なテンプレートのカスタマイズまで解説します。

Chapter 03　Data APIの基本と活用

Movable Type 6.0にはいろいろな新機能が追加されましたが、その中でキーになるのが「Data API」です。Data APIは、これまでの「Web制作用CMS」から、「汎用的なCMS」へと、Movable Typeが活躍する場を広げるものです。この章ではData APIの基本的な考え方から、Data APIの実際の使い方までを解説します。

Chapter 04　実践編：サンプルサイト構築

実践編として、Movable Type 6.0を使ったサンプルサイト「Six Apartのごはんレシピ」（http://makanai.sixapart.jp/）の構築例を紹介します。

Contents

Chapter 01　Movable Typeの環境構築

01-01　Movable Type 6.0について ……002
- 01-01-01　ブログをベースにしたCMS ……002
- 01-01-02　Movable Type 6.0の登場 ……003
- 01-01-03　新機能「Data API」 ……005

01-02　Movable Typeに適したサーバー選び ……006
- 01-02-01　Movable Typeの動作環境 ……006
- 01-02-02　専用サーバーが理想的 ……007
- 01-02-03　VPS／クラウドを使う ……007
- 01-02-04　Movable Type クラウド版を使う ……008

01-03　Movable Type 6.0のインストール ……009
- 01-03-01　Movable Type 6.0の入手 ……009
- 01-03-02　データベースの作成 ……009
- 01-03-03　サーバーにアップロードする ……009
- 01-03-04　パーミッションの設定 ……010
- 01-03-05　インストールを始める ……010
- 01-03-06　システムチェックを行う ……011
- 01-03-07　データベース設定を行う ……011
- 01-03-08　メール設定 ……013
- 01-03-09　管理者アカウントの作成 ……015
- 01-03-10　最初のウェブサイトを作成 ……016
- 01-03-11　インストール完了 ……017

01-04　サーバーでMovable Typeを解凍する ……018
- 01-04-01　解凍用のCGIファイルを作る ……018
- 01-04-02　ファイルをサーバーにアップロードする ……018
- 01-04-03　unzip.cgiを実行する ……019
- 01-04-04　ディレクトリ名を変更する ……019

01-05　旧バージョンからのアップグレード（旧環境に上書きする場合） …………020

- 01-05-01　アップグレードの2つの方法 …………………………………………020
- 01-05-02　プラグインの対応確認 ……………………………………………021
- 01-05-03　旧バージョンのファイルのバックアップとディレクトリ名変更 …………021
- 01-05-04　データベースのバックアップ ………………………………………021
- 01-05-05　データベース／文字コードの変換 …………………………………022
- 01-05-06　Movable Type 6.0のアップロード ……………………………………022
- 01-05-07　アップグレードの開始 ………………………………………………023
- 01-05-08　プラグインのインストール …………………………………………024
- 01-05-09　旧バージョンの削除 ………………………………………………024
- 01-05-10　トラブルが起こった場合 ……………………………………………024

01-06　旧バージョンからのアップグレード（旧環境を残す場合） ……………………025

- 01-06-01　旧バージョンのファイルのバックアップ ……………………………025
- 01-06-02　データベースの作成 ………………………………………………025
- 01-06-03　データベースのバックアップ ………………………………………025
- 01-06-04　Movable Type 6.0のアップロード ……………………………………026
- 01-06-05　データベースの複製 ………………………………………………026
- 01-06-06　データベースの変換 ………………………………………………026
- 01-06-07　新バージョンのMovable Typeをインストールする …………………027
- 01-06-08　プラグインのインストール …………………………………………028
- 01-06-09　旧バージョンの削除 ………………………………………………028
- 01-06-10　トラブルが起こった場合 ……………………………………………028

01-07　Movable Type 4.x以前からのアップグレード ……………………………029

- 01-07-01　ブログからウェブサイトに変換される ………………………………029
- 01-07-02　Movable Type 4.292にアップグレード ………………………………030
- 01-07-03　データベースのバックアップ ………………………………………031
- 01-07-04　バックアップファイルの文字コードの変換（UTF-8以外で運用していた場合） …032
- 01-07-05　データベース関係の準備 ……………………………………………032
- 01-07-06　バックアップの復元 …………………………………………………035
- 01-07-07　ブログの再構築 ………………………………………………………036
- 01-07-08　Movable Type 6.0へのアップグレード ………………………………036

01-08　ローカルでMovable Type 6.0を動作させる　037
- 01-08-01　Vagrantを利用する　037
- 01-08-02　VirtualBoxとVagrantのインストール　038
- 01-08-03　作業用フォルダの作成　039
- 01-08-04　作業用フォルダに入る　040
- 01-08-05　仮想環境（Box）の初期化　041
- 01-08-06　Boxの起動　041
- 01-08-07　SFTPでBoxに接続する　042
- 01-08-08　Movable Type 6.0のインストール　044
- 01-08-09　Boxの終了　045

01-09　Movable Typeを別のサーバーに移転する　046
- 01-09-01　サーバー移転の流れ　046
- 01-09-02　旧サーバーのデータベースのバックアップ　046
- 01-09-03　旧サーバーのファイルのバックアップ　049
- 01-09-04　新サーバーにデータベースを復元する　049
- 01-09-05　新サーバーにファイルをアップロードする　051
- 01-09-06　mt-config.cgiの書き換え　052
- 01-09-07　ウェブサイトのパスの書き換え　053

Chapter 02　テンプレートのカスタマイズ

02-01　Movable Typeでのサイト制作の概要　056
- 02-01-01　ウェブサイトとブログ　056
- 02-01-02　ウェブサイトを作成する　057
- 02-01-03　ブログを作成する　061
- 02-01-04　記事を作成する　062
- 02-01-05　記事とカテゴリ　064
- 02-01-06　ウェブページとフォルダ　066

02-02　テンプレートの基本　068
- 02-02-01　テンプレートとは　068
- 02-02-02　ブログテンプレート／ウェブサイトテンプレート／グローバルテンプレート　069
- 02-02-03　インデックステンプレート　071
- 02-02-04　アーカイブテンプレート　072

02-02-05	テンプレートモジュール	074
02-02-06	システムテンプレート	075
02-02-07	ウィジェットとウィジェットセット	076

02-03 テンプレートタグ（MTタグ）の基本 … 079

02-03-01	ファンクションタグとブロックタグ	079
02-03-02	テンプレートタグの表記ルール	080
02-03-03	モディファイア	081
02-03-04	コメント	082
02-03-05	テンプレートタグの例	082
02-03-06	よく使うテンプレートタグ	085

02-04 カスタムフィールドの利用 … 089

02-04-01	カスタムフィールドとは	089
02-04-02	カスタムフィールドの新規作成	089
02-04-03	カスタムフィールドに値を入力する	093
02-04-04	カスタムフィールドの値を出力する	094

02-05 変数を扱う … 096

02-05-01	変数とは	096
02-05-02	変数に値を代入する	097
02-05-03	変数の値を出力する	098
02-05-04	変数の値によって処理を分ける	099
02-05-05	予約変数	103
02-05-06	変数同士を比較する	105
02-05-07	繰り返し処理と変数	106
02-05-08	変数で簡単な計算をする	108

02-06 テンプレートカスタマイズのテクニック … 109

02-06-01	テンプレートタグのテスト方法	109
02-06-02	グローバルナビゲーションを作る	110
02-06-03	ウェブサイトをポータル化する	114
02-06-04	複数ブログを連携させる	117
02-06-05	テンプレートの種類に応じてウィジェットの内容を変える	118

Chapter 03　Data APIの基本と活用

03-01　Data APIの概要 ... 120
03-01-01　「API」とは？ ... 120
03-01-02　Web向けの「Web API」 ... 120
03-01-03　Movable Type 6.0のData API ... 122
03-01-04　Data APIの使い道 ... 123

03-02　JavaScriptでData APIにアクセスする ... 126
03-02-01　JavaScriptライブラリの概要 ... 126
03-02-02　JavaScriptライブラリの初期化 ... 126
03-02-03　記事を読み込む ... 128
03-02-04　記事読み込みの例（ページ分割） ... 129
03-02-05　各種のオブジェクトの読み込み ... 134

03-03　JavaScriptでプライベートなデータを扱う ... 137
03-03-01　ログインしてプライベートなデータを扱う ... 137
03-03-02　ログインの処理 ... 137
03-03-03　未公開の情報を読み込む ... 141
03-03-04　記事の操作 ... 141
03-03-05　記事操作の事例 ... 143
03-03-06　アイテムのアップロード ... 147

03-04　PHPでData APIを操作する ... 152
03-04-01　RESTの基本 ... 152
03-04-02　Data APIのRESTの基本 ... 152
03-04-03　PHPでオブジェクトの情報を取得する ... 155
03-04-04　PHPでログインの処理を行う ... 158
03-04-05　PHPで記事を作成する ... 160
03-04-06　PHPで記事を更新／削除する ... 161

03-05　iOSアプリ／AndroidアプリからData APIにアクセスする ... 163
03-05-01　基本的な考え方 ... 163
03-05-02　さまざまなアプリを作成可能 ... 163
03-05-03　iOSアプリからData APIを呼び出す ... 164
03-05-04　AndroidアプリからData APIを呼び出す ... 170

03-06 Data APIを使ったWebアプリケーションの作例 ……… 176
- 03-06-01 この節で取り上げる例 …… 176
- 03-06-02 初期設定 …… 178
- 03-06-03 テンプレートの書き換え …… 183
- 03-06-04 記事作成／編集ページの追加 …… 188
- 03-06-05 Data API関連の処理を行うJavaScript …… 192
- 03-06-06 サンプルテーマの利用 …… 203

Chapter 04　実践編：サンプルサイト構築

04-01 サンプルサイトの概要 …… 206
- 04-01-01 トップページ …… 206
- 04-01-02 詳細ページ …… 207
- 04-01-03 カテゴリアーカイブ …… 208
- 04-01-04 タグアーカイブ …… 208
- 04-01-05 検索 …… 209

04-02 Movable Typeの構成とテンプレートの構成 …… 210
- 04-02-01 Movable Typeの構成 …… 210
- 04-02-02 テンプレートの構成 …… 210
- 04-02-03 記事の入力フィールド …… 211
- 04-02-04 カテゴリの入力フィールド …… 213

04-03 各テンプレートの詳細 …… 215
- 04-03-01 index_top …… 215
- 04-03-02 load_js …… 219
- 04-03-03 admin.js …… 219
- 04-03-04 search …… 223
- 04-03-05 archive_category …… 223
- 04-03-06 archive_entry …… 225
- 04-03-07 config …… 230
- 04-03-08 mod_category_list …… 230
- 04-03-09 mod_tag_list …… 233
- 04-03-10 mod_googletagmanager …… 235

04-03-11	mod_header	235
04-03-12	mod_header_top	236
04-03-13	mod_html_head	237
04-03-14	mod_script	238
04-03-15	mod_search	238

04-04　Data APIでの追加読み込みとサイト内検索 … 240

04-04-01	load.jsを読み込むテンプレートモジュール「mod_script」	240
04-04-02	Data APIでの追加読み込み	241
04-04-03	Data APIでの検索	241

04-05　Data APIを使った追加読み込みとサイト内検索を実装する「load.js」… 243

04-05-01	インデックステンプレート「load_js」	243
04-05-02	変数の初期化処理など	247
04-05-03	Data APIに関する処理	249
04-05-04	検索結果ページに関する処理	250
04-05-05	ページを下までスクロールしたときの追加読み込み	254
04-05-06	Data APIで記事を取得してHTMLに表示するgetApiEntries関数	255
04-05-07	Data APIで取得した記事のJSONをHTMLにするsetHTML関数	258

04-06　サンプルテーマについて … 261

04-06-01	テーマファイル構成	261
04-06-02	テーマ適用	263
04-06-03	Data APIを拡張するDataAPIExtendプラグイン	264

	INDEX	266

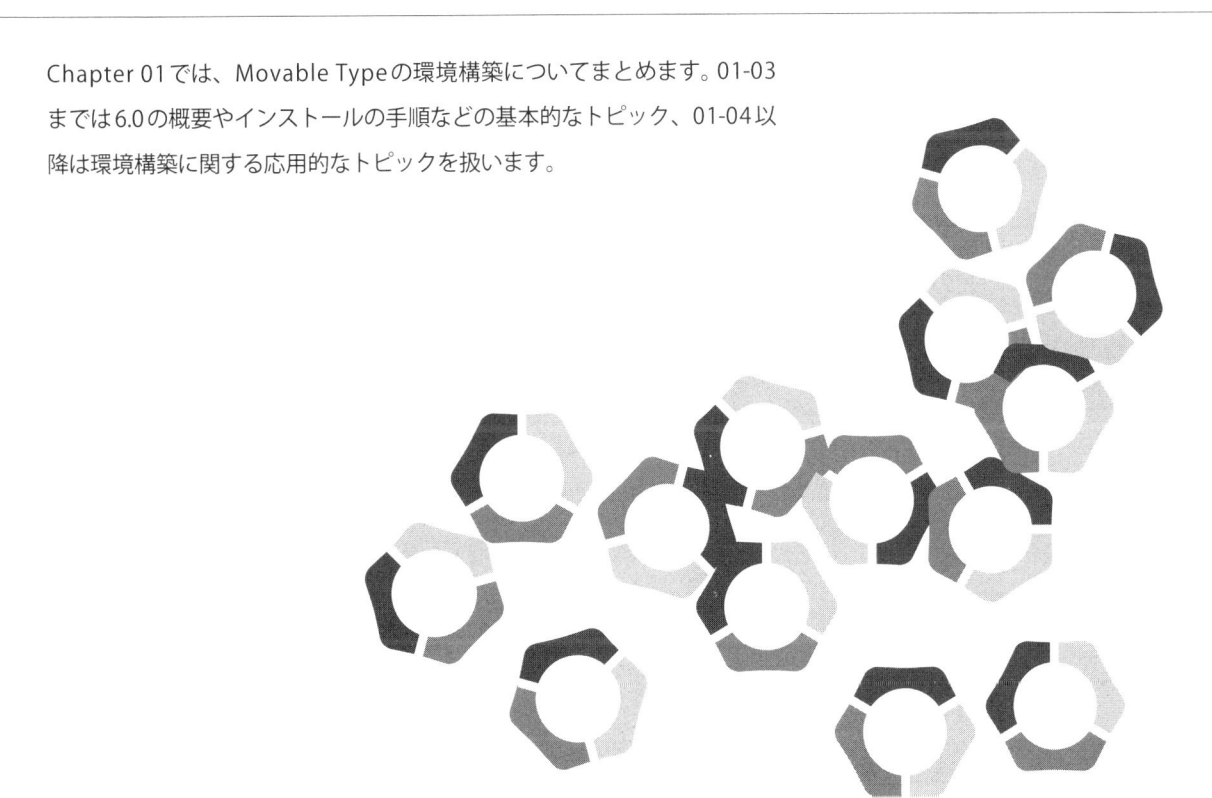

Chapter 01　Movable Type の環境構築

Chapter 01では、Movable Typeの環境構築についてまとめます。01-03までは6.0の概要やインストールの手順などの基本的なトピック、01-04以降は環境構築に関する応用的なトピックを扱います。

01-01　Movable Type 6.0について

本書は、Movable Typeの新バージョンである「Movable Type 6.0」を取り上げます。まず、Movable Type 6.0の概要をまとめます。

○ 01-01-01 ブログをベースにしたCMS

　Movable Typeは、もともとはブログを作るためのツールでした。2001年10月にバージョン1.0が公開され、その後バージョン2.xや3.xの頃までは、ブログツールとしての色彩が強かったです。

　しかし、Movable Type 3.xの頃から、ブログだけでなく、企業サイトなどを作るためのCMS（コンテンツ・マネージメント・システム）として使われる機会が増えました。

　ブログでは、記事を時系列で出力したり、カテゴリに分けて出力したりすることができます。これらの機能を活用して、新着情報を時系列に管理したり、カテゴリを活用して商品カタログ的なサイトを作ることができるので、CMSとして使うユーザーが増えました。

　Movable TypeをCMSとして使うことが増えるにつれて、「よりCMSとして使いやすいシステムにしてほしい」という要望が強くなっていきました。このような流れの中で、Movable Type 4以降は、ブログをベースとしつつも、CMSとしての機能追加が重視されてきました。記事に任意のフィールドを追加できる「カスタムフィールド」や、記事ではない一般のページを作る「ウェブページ」など、CMS的な機能が増えました。

　そして、Movable Type 5では「ウェブサイト」という概念が導入されました。ウェブサイトの機能は、複数のブログをまとめてサイトを作るという仕組みで、大規模サイトの管理を行いやすくなりました。

◯ 01-01-02 Movable Type 6.0の登場

2013年10月に、Movable Type 6.0がリリースされました。Movable Type 5.xの基本路線を踏襲しつつ、新しい流れに対応するために「Data API」という新機能を追加したものになっています。

Data API以外に、Movable Type 6.0では次のような改良が行われました。

●ウェブサイトに記事／カテゴリを作成

Movable Type 5.xではウェブサイトの機能が導入され、複数のブログをまとめたサイトを作りやすくなりました。しかし一方で、ブログを必ずウェブサイトの配下に所属させなければならなくなり、ブログ1つで済むようなシンプルなサイトを作るには、かえって面倒になりました。

Movable Type 6.0ではこの点が改良され、ウェブサイトに記事とカテゴリを作ることができる（＝ウェブサイトをブログのように扱うことができる）ようになりました。

●ダッシュボードの変更とGoogle Analyticsとの連携

ログインした直後に表示される画面（ダッシュボード）で、従来の「Blog Stats」に変わって「Site Stats」というウィジェットが表示されるようになりました。最近公開した記事の数が表示されるだけでなく、Google Analyticsと連携してアクセスの状況のグラフを表示することもできます。

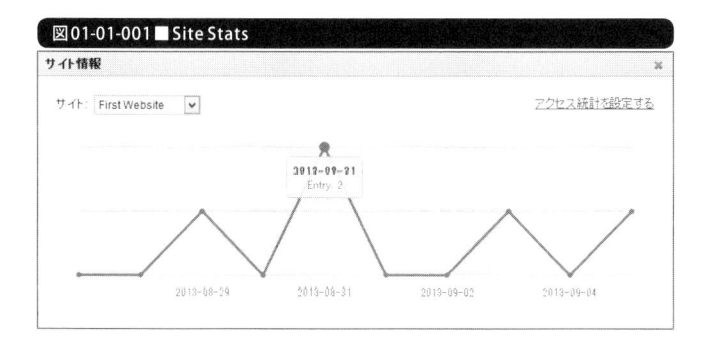

図01-01-001 ■ Site Stats

●公開終了日の設定

記事の公開を終える日時を指定することができるようになりました（図01-01-002）。キャンペーン記事など、一定期間の間だけ公開したい記事を作りたいときに使います。

図01-01-002■非公開日の設定

●ウェブサイト系テンプレートタグの変更

ブログのテンプレートで、親のウェブサイトの情報を出力する際に、これまではMTBlogParentWebsiteタグのブロックを作って、その中でMTWebsite系のテンプレートタグを使う必要がありました。

一方、Movable Type 6では、ブログのテンプレートに直接にMTWebsite系のタグを入れて、親ウェブサイトの情報を出力することができます。

●再構築の高速化

従来のMovable Typeに比べて、再構築が高速化されています。シックス・アパート社の測定では、従来比で1.6倍に高速化されているとのことです。

●Chart API

各種のデータを元にグラフを描画する「Chart API」が追加されました。なお、Chart APIはMovable Typeから独立したJavaScriptライブラリで、Movable Typeがなくても使うことができます。

○01-01-03 新機能「Data API」

Movable Type 6.0の目玉と言える新機能は、「Data API」です。

これまでのMovable Typeは、基本的には管理画面で記事等を作成し、テンプレートに沿ってページ（HTML）を出力するという仕組みでした。しかし、スマートフォン／タブレットの普及など、Webの利用シーンが大きく変わってきた中で、以下のような需要が出てきました。

①Movable Typeの管理画面を使わずに、独自の管理画面で記事の投稿等を行いたい
②Movable Typeに蓄積したデータを、iOSやAndroidなどのアプリに直接読み込んで扱いたい
③Movable Typeに蓄積したデータを、Web APIの形式で外部に公開したい

このようなニーズに答えるのが、Data APIです。Data APIは、「REST」という規約でMovable Typeにアクセスして、記事等のデータをJSON形式で取得したり、更新したりすることができる仕組みです。

たとえば、IDが1番のブログ（またはウェブサイト）から、最新記事10件の情報を取得するには、以下のようなアドレスにアクセスします。

```
https://ホスト名/mt-data-api.cgi/v1/sites/ブログ（ウェブサイト）のID/entries
```

RESTは多くのWeb APIで使われている方式で、Web APIを使った経験があるプログラマの方なら、比較的容易にプログラムを開発することができます。また、RESTの規約に沿った通信を行うことができるプログラム言語なら何でも使えるので、従来のMovable Typeとは異なり、Perlが必須ということもなくなります。

特に、JavaScriptではData API用のライブラリも用意されていますので、JavaScript経由であれば、各種の処理を行いやすくなっています。

なお、Data APIについては、後のChapter 3およびChapter 4でページを割いて解説します。

01-02　Movable Typeに適したサーバー選び

Movable Typeはサーバーにインストールして利用するソフトです。そのため、サーバー選びは重要なポイントの1つとなります。この節では、Movable Typeに適したサーバーの選び方について取り上げます。

○ 01-02-01 Movable Typeの動作環境

　Movable Typeは、表01-02-001の環境で動作します。多くのレンタルサーバーで表01-02-001の環境を満たしていて、「Movable Type対応」をうたっています。基本的には、それらのレンタルサーバーを使えばMovable Typeを利用することができます。

　ただ、Movable Type対応レンタルサーバーといっても、レベルはさまざまです。料金が安いレンタルサーバーだと、多くのユーザーで一台のサーバーを共有する形になっています。そのため、Movable Typeの動作が重くなったり、再構築の途中でInternal Server Error（500エラー）が発生したりなど、十分な使い勝手を得られないことがあります。

　月額数百円クラスの安いレンタルサーバーだと、上記のようなトラブルが起こることもありますので、注意が必要です。

表01-02-001 ■ Movable Typeの動作環境

項目	必要条件
サーバーOS	以下のいずれか Linux、Solaris、Free BSD Mac OS X Windows Server 2008 R2、Windows Server 2012
Webサーバー	以下のいずれか Apache HTTP Server 2.0以上 Microsoft Internet Information Services 7.5 以上
データベース	MySQL 5.0以上
Perl	5.8.1以上（5.14以上を推奨）
PHP※	5.x以上（5.3以上を推奨）

※PHPはダイナミックパブリッシングを使うときのみ必要

◯ 01-02-02 専用サーバーが理想的

　Movable Typeは、Webアプリケーションの中ではサイズが大きい部類に入り、メモリやCPUパワーを多く消費します。より快適にMovable Typeを利用するには、サーバー1台を丸ごと借りる専用サーバーが理想的です。

　また、専用サーバーなら、PSGIやMemcacheなどの高速化の仕組みを導入したり、MySQLをチューニングしたりなどして、よりMovable Typeに適した環境を構築することもできます。

　さらに、プラグインを使ってカスタマイズする場合、プラグインによっては特殊なモジュールが必要になることがあります。共有型のレンタルサーバーだと、そのようなモジュールはインストールできないことが多いです。しかし、専用サーバーなら、大抵の場合は、モジュールのインストールも自由に行うことができます。

　ただ、専用サーバーはランニングコストが高いのがネックです。安いサーバーでも、月額料金は1万円程度かかります。

◯ 01-02-03 VPS／クラウドを使う

　VPS（Virtual Private Serverの略）や、クラウドという選択肢も増えてきました。

　VPSは、1台のコンピュータに、仮想的に複数のOS環境をインストールしたサーバーです。それぞれのOS環境は独立した形になっていて、互いに他のOS環境に影響を与えません。そのため、専用サーバーと同じように、独自のモジュールをインストールしたりするなど、自由度が高い使い勝手を得ることができます。

　また、クラウドもVPSと同様に、仮想的に1台のコンピュータを占有しているような環境が得られる仕組みです。VPSよりも料金は上がりますが、CPUコア数／メモリ容量／ディスク容量などの構成をより柔軟に組むことができます。

　VPSやクラウドでは、1台のコンピュータに複数のOSをインストールし、複数人で共有しますので、他のユーザーの影響はゼロとは言えません。しかし、共有する人数が少ないので、共有型のレンタルサーバよりも良い性能を得られる可能性が高いです。

　VPS／クラウドともに現在では料金がだいぶ下がり、利用しやすくなってきました。安い業者だと、月額1,000円程度で利用できるところもあります。

　ただし、VPSやクラウドでは、基本的には自分でサーバー構築から行う必要があります。そのため、サーバー構築ができるエンジニアがいる方でないと、使うのは簡単ではないというデメリットがあります。

◯01-02-04 Movable Type クラウド版を使う

　Movable Typeインストール済みのクラウドサーバーとして、シックス・アパートが「Movable Typeクラウド版」というサービスを提供しています。アドレスは以下の通りです。

```
http://www.sixapart.jp/movabletype/cloud/
```

　Movable Typeクラウド版には、以下のようなメリットがあります。

①環境構築がすでに行われていて、契約が完了したらすぐに使うことができます。
②Movable Typeがインストール済みで、インストールの手間がかかりません。
③バックアップが毎日自動的に行われ、万が一の際にはバックアップから復旧できます。
④Movable Type本体がバージョンアップする際には、シックス・アパートによりバージョンアップ作業が行われ、ユーザー側でバージョンアップする必要がありません。
⑤Movable Type用にサーバーがチューニングされているので、パフォーマンスも良好です。

　ただし、料金が月額9,975円〜となっていて、あまりお手軽とは言えません。サイト運営にある程度費用を掛けられるユーザーのためのサービスだと言えるでしょう。
　また、Movable Typeクラウド版では、プラグインによっては動作しないものもあります。プラグインを使いたい場合は、事前にプラグインが動作するかどうかを確認する必要があります。

01-03　Movable Type 6.0 のインストール

この節では、Movable Type 6.0 のインストール手順を解説します。

○ 01-03-01 Movable Type 6.0 の入手

まず、Movable Type 6.0 を入手します。

商用ライセンスは、EC Buyers の「シックス・アパートショップ」(https://www.ecbuyers.com/sixapart/catalog/)にてライセンスを購入後、シックス・アパート社の「ユーザーサイト」からダウンロードします。

一方、個人無償ライセンス版は、シックス・アパート社の「個人無償ライセンス」のページからダウンロードすることができます (http://www.sixapart.jp/movabletype/personal.html)。

なお、個人無償ライセンスは、個人ユーザーが非商用のブログ等を作る場合のみ使うことができます。企業サイトなどの商用利用には、商用ライセンスが必要です。

○ 01-03-02 データベースの作成

Movable Type では、ブログ記事等のデータを MySQL に保存します。そこで、サーバーの MySQL に、Movable Type のデータを保存するためのデータベースを作成します。

データベースを作成する手順は、レンタルサーバーによって異なります。自分でデータベースを作成できるところもあれば、業者があらかじめ作ったデータベースしか使えないところもあります。詳しくは、個々のレンタルサーバーのヘルプ等を参照してください。

○ 01-03-03 サーバーにアップロードする

Movable Type のファイルを入手したら、そのファイルをサーバーにアップロードします。

一般的には、ご自分のパソコンで圧縮ファイルを解凍してから、FTP ソフトを使って、フォルダの中身を丸ごとサーバーにアップロードします。Movable Type のインストール先にしたいディレクトリの中に、mt.cgi 等のファイルと、

lib等のフォルダが入るようにアップロードします。

ただ、解凍後にアップロードすると、アップロードにかなり時間がかかってしまいます。もし、サーバーに圧縮ファイルを解凍するためのコマンドがインストールされているなら、圧縮ファイルのままアップロードして、サーバーで解凍すると良いです。サーバーで解凍する方法については、後のChapter01-04（P.018）で解説します。

○ 01-03-04 パーミッションの設定

ファイルのアップロードが終わったら、拡張子が.cgiのファイル（mt.cgi等）のパーミッションを705等に変えて、実行可能な状態にします。CGIを実行可能にするために必要なパーミッションは、個々のサーバーで異なります。詳しくは、サーバーのヘルプ等を参照してください。

○ 01-03-05 インストールを始める

Movable Typeのインストールを始めるには、インストール先ディレクトリにある「mt.cgi」にWebブラウザでアクセスします。たとえば、Movable Typeを「http://www.example.com/mt/」配下にアップロードした場合だと、「http://www.example.com/mt/mt.cgi」にアクセスします。

インストールプログラムが起動すると、最初に「Movable Typeへようこそ」というページが開き、言語を選ぶ状態になります。デフォルトで「日本語」が選ばれていますので、そのまま次のステップに進みます（図01-03-001）。

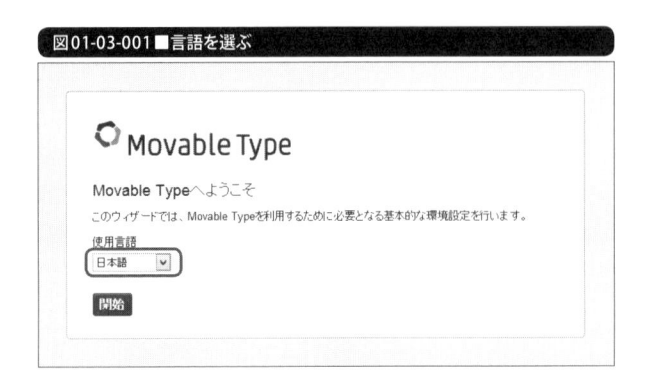

図01-03-001 ■言語を選ぶ

○ 01-03-06 システムチェックを行う

次に、「システムチェック」というステップになります。「必要なPerlモジュールは揃っています。」というメッセージが表示されていれば、Movable Typeをインストールすることができますので、「次へ」ボタンをクリックします（図01-03-002）。

ただし、Movable Typeでは、必須のモジュールのほかに、オプションのモジュールもあります。「オプションモジュールを表示」のリンクをクリックすると、インストールされていないオプションモジュールについて、そのモジュールがないとできないことが表示されます。その点も一通り確認しておくことをお勧めします。

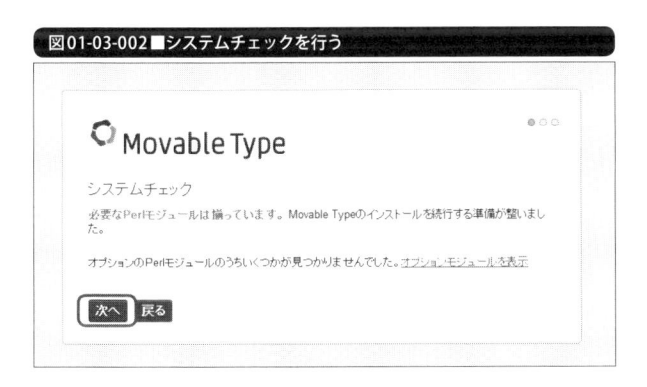

図01-03-002■システムチェックを行う

○ 01-03-07 データベース設定を行う

次のステップでは、Movable Typeのデータを保存するためのデータベースを設定します。

「データベースの種類」の箇所では、「MySQLデータベース」を選びます。すると、データベースサーバ等を設定する状態になりますので、以下のように設定して、「接続テスト」ボタンをクリックします（図01-03-003）。

①データベースサーバ

「localhost」を指定することが多いです。ただし、レンタルサーバーの業者によっては、特定のサーバ名を指定する必要がある場合があります。詳しくは、レンタルサーバー業者のヘルプ等を参照してください。

②データベース名

Movable Typeのデータを保存する先のデータベース名を指定します。

③ユーザー名

②のデータベースに接続するためのユーザー名を指定します。

④パスワード

②のデータベースに接続するためのパスワードを指定します。

図01-03-003■データベース設定を行う

データベースに正しく接続できると、図01-03-004の表示になりますので、「次へ」ボタンをクリックします。

なお、レンタルサーバーの業者によっては、データベースポートやデータベースソケットの設定が必要な場合があります。そのときは、図01-03-003で「高度な設定」のリンクをクリックして、それらの値も設定します。

図01-03-004■データベース接続できたときの表示

○01-03-08 メール設定

　Movable Typeでは、パスワードの再設定の際などに、Movable Typeのシステムからユーザーにメールを送信します。その設定を行います。

　まず、「システムメールアドレス」の欄に、メールの送信元にするメールアドレスを入力します。

　次に、「メール送信プログラム」のところで「Sendmail」を選びます。すると、「sendmailのパス」の欄が表示されますので、レンタルサーバー業者のヘルプ等を参照して、sendmailのパスを入力します（図01-03-005）。

　一方、外部のメールサーバーを使ってメールを送信するようにしたい場合は、「メール送信プログラム」のところで「SMTPサーバー」を選びます。そして、「送信メールサーバー（SMTP）」の欄に、メール送信に使うSMTPサーバーの名前とポート番号を入力します。

　また、外部メールサーバーを使う場合、メール送信の際にログインが必要なことが多いです。この場合は、「SMTP認証を利用する」のチェックをオンにし、メールサーバーにログインするためのユーザー名／パスワードと、SSL認証を使うかどうかを設定します（図01-03-006）。

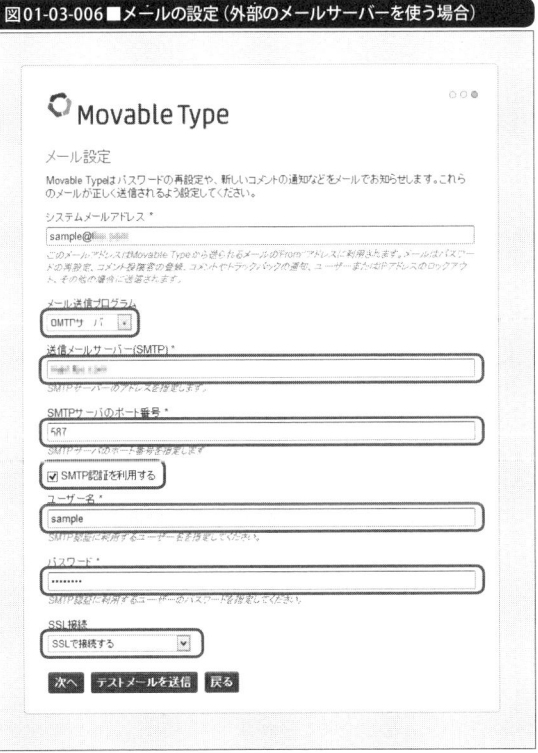

図01-03-005■メールの設定（Sendmailを使う場合）

図01-03-006■メールの設定（外部のメールサーバーを使う場合）

メールサーバーの設定を行ったら、「テストメールを送信」のボタンをクリックします。ここで「テストメールが送られるメールアドレス」に自分のメールアドレスを入力し、「送信」ボタンをクリックします（図01-03-007）。そして、テストメールが自分に送信されることを確認します。

図01-03-007■テストメールの送信

ここまでの設定が終わると、「メール設定を完了しました。」のメッセージが表示されますので、「次へ」ボタンをクリックします（図01-03-008）。すると、「Movable Typeの設定を完了しました」のメッセージが表示されますので、「次へ」ボタンをクリックします。

図01-03-008■メール設定完了のメッセージ

◯ 01-03-09 管理者アカウントの作成

次に、Movable Typeの管理者のアカウントを作成します。以下のように設定します（図01-03-009）。

① ユーザー名

　管理者のユーザー名を、半角英数字で決めて入力します。

② 表示名

　記事等に表示する名前を入力します（日本語も可）。

③ 電子メール

　管理者のメールアドレスを入力します。

④ 使用言語

　通常は「日本語」を選びます。

⑤ パスワード／パスワード確認

　管理者のパスワードを決めて入力します。

図01-03-009■管理者アカウントの作成

◯01-03-10 最初のウェブサイトを作成

Movable Type 6.0では、「ウェブサイト」という単位でサイト管理を行います。このステップで、最初のウェブサイトを作成します。設定方法は以下の通りです（図01-03-010）。

①ウェブサイト名

　ウェブサイトの名前を決めて入力します。

②ウェブサイトURL

　ウェブサイトのトップにあたるURLを入力します。

③ウェブサイトパス

　②のウェブサイトURLに対応する、サーバー上でのディレクトリの位置を絶対パスで入力します。

　なお、ここに設定するパスの1つ上の階層のディレクトリには、Webサーバーから書き込みできる必要があります。書き込みできない場合は、ここで設定するディレクトリをサーバー上にあらかじめ手動で作り、書き込み可能のパーミッションを設定しておきます。

④テーマ

　ウェブサイトのデザイン（テーマ）を選びます。標準でいくつかのテーマが用意されています。

⑤タイムゾーン

　通常は「UTC+9（日本標準時）」を選びます。

図01-03-010■最初のウェブサイトを作成

○01-03-11 インストール完了

　図01-03-010で「インストール」ボタンをクリックすると、データベースの設定や、ウェブサイトの作成などが自動的に行われます。そして、それらが完了すると、図01-03-011のような表示になります。

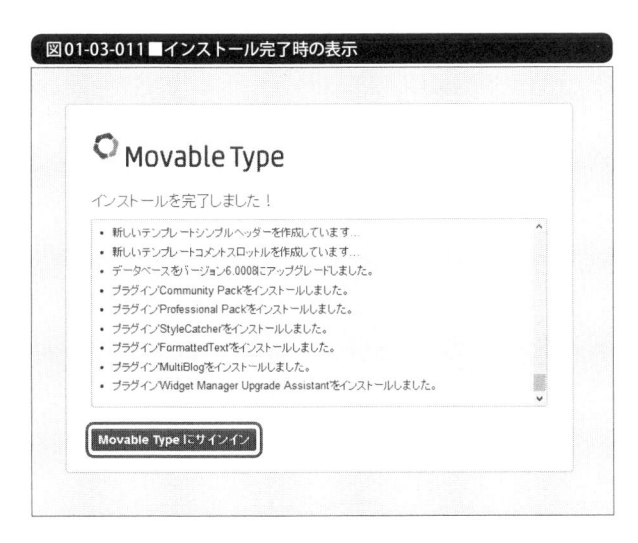

　ここで「Movable Typeにサインイン」のボタンをクリックすると、Movable Typeの管理画面にサインイン（ログイン）することができます（図01-03-012）。

図01-03-011■インストール完了時の表示

図01-03-012■Movable Typeにサインインしたところ

01-04　サーバーでMovable Typeを解凍する

ここからはMovable Typeの環境構築に便利なTipsやテクニックを扱っていきます。Movable Typeのファイルをサーバーにアップロードする場合、Zipファイルのままでサーバーにアップロードし、サーバー側で解凍すると、作業時間を大幅に短縮することができます。この節では、サーバーやCGIに関する知識がある方向けに、そのやり方を解説します。

◯ 01-04-01 解凍用のCGIファイルを作る

まず、サーバー上で解凍の処理を行うために、テキストエディタを使って、コード01-04-001のような内容のCGIのファイルを入力します。

3行目の「Zipファイル名」のところは、実際のZipファイルの名前に置き換えます。例えば、Zipファイルの名前が「MT-6_0.zip」の場合だと、3行目を以下のように変えます。

```
my $result = `unzip MT-6_0.zip`;
```

入力が終わったら、「unzip.cgi」というファイル名を付けて保存します。

コード01-04-001■解凍の処理を行うCGIファイル

```
01  #!/usr/bin/perl -w
02
03  my $result = `unzip Zipファイル名`;
04
05  print "Content-type: text/html\n\n$result";
```

◯ 01-04-02 ファイルをサーバーにアップロードする

次に、Movable Typeをインストールしたいディレクトリから見て、1つ上の階層のディレクトリに、リスト1.1のunzip.cgiファイルと、Movable TypeのZipファイルをアップロードします。

例えば、Movable Typeを「http://www.◯◯◯.com/mt」ディレクトリの配下にインストールしたいとします。この場合、「http://www.◯◯◯.com」に対応するサーバー上のディレクトリに、unzip.cgiファイルと、

Movable TypeのZipファイルをアップロードします。

アップロードが終わったら、unzip.cgiファイルのパーミッションを705等に変えて、実行可能に設定します。

○01-04-03 unzip.cgiを実行する

次に、Webブラウザを起動して、アップロードしたunzip.cgiを実行します。

前述の例のように、「http://www.○○○.com」に対応するサーバー上のディレクトリにunzip.cgiをアップロードした場合だと、「http://www.○○○.com/unzip.cgi」にアクセスします。

ファイルの解凍が終わると、解凍して出力されたファイルの名前が、Webブラウザのウィンドウに表示されます（図01-04-001）。ここまでが終わったら、unzip.cgiとMovable TypeのZipファイルを、サーバーから削除します。

ちなみに、解凍にかかる時間は、サーバーのスペックにもよりますが、5秒程度です。パソコンでZipファイルを解凍してからアップロードするのに比べると、圧倒的に速いです。

なお、CGIを実行しても出力されたファイル名が表示されない場合は、サーバーにunzipコマンドがインストールされていないと考えられます。その場合は、サーバー側で解凍する方法は、残念ながら使うことができません。

図01-04-001■解凍してできたファイルの名前が表示される

```
Archive: MT-6.0.zip creating: MT-6.0/addons/ creating: MT-6.0/addons/Community pack/ creating: MT-6.0/addons/Community pack/templates/ creating: MT-6.0/addons/Community pack/templates/blog/ inflating: MT-6.0/addons/Community pack/templates/blog/recent_entries.mtml inflating: MT-6.0/addons/Community pack/templates/blog/tag_cloud.mtml inflating: MT-6.0/addons/Community pack/templates/blog/powered_by.mtml inflating: MT-6.0/addons/Community pack/templates/blog/page.mtml inflating: MT-6.0/addons/Community pack/templates/blog/comment_listing.mtml inflating: MT-6.0/addons/Community pack/templates/blog/entry_summary.mtml inflating: MT-6.0/addons/Community pack/templates/blog/categories.mtml inflating: MT-6.0/addons/Community pack/templates/blog/syndication.mtml inflating: MT-6.0/addons/Community pack/templates/blog/entry_listing.mtml inflating: MT-6.0/addons/Community pack/templates/blog/comment_preview.mtml inflating: MT-6.0/addons/Community pack/templates/blog/page_detail.mtml inflating: MT-6.0/addons/Community pack/templates/blog/comment_detail.mtml inflating: MT-6.0/addons/Community pack/templates/blog/entry_create.mtml inflating: MT-6.0/addons/Community pack/templates/blog/tags.mtml inflating: MT-6.0/addons/Community pack/templates/blog/popup_image.mtml inflating: MT-6.0/addons/Community pack/templates/blog/entry_metadata.mtml inflating: MT-6.0/addons/Community pack/templates/blog/search.mtml inflating: MT-6.0/addons/Community pack/templates/blog/styles.mtml inflating: MT-6.0/addons/Community pack/templates/blog/current_category_monthly_archive_list.mtml inflating: MT-6.0/addons/Community pack/templates/blog/recent_comments.mtml inflating: MT-6.0/addons/Community pack/templates/blog/main_index.mtml inflating: MT-6.0/addons/Community pack/templates/blog/pages_list.mtml inflating: MT-6.0/addons/Community pack/templates/blog/dynamic_error.mtml inflating: MT-6.0/addons/Community pack/templates/blog/main_index_widgets_group.mtml inflating: MT-6.0/addons/Community pack/templates/blog/archive_index.mtml inflating: MT-6.0/addons/Community pack/templates/blog/javascript.mtml inflating: MT-6.0/addons/Community pack/templates/blog/feed_recent.mtml inflating: MT-6.0/addons/Community pack/templates/blog/recent_assets.mtml inflating: MT-6.0/addons/Community pack/templates/blog/category_archive_list.mtml creating: MT-6.0/addons/Community pack/templates/blog/comment_response.mtml inflating: MT-6.0/addons/Community pack/templates/blog/entry.mtml inflating: MT-6.0/addons/Community pack/templates/blog/content_nav.mtml inflating: MT-6.0/addons/Community pack/templates/blog/comments.mtml inflating: MT-6.0/addons/Community pack/templates/blog/rsd.mtml inflating: MT-6.0/addons/Community pack/templates/blog/trackbacks.mtml inflating: MT-6.0/addons/Community pack/templates/blog/entry_detail.mtml inflating: MT-6.0/addons/Community pack/templates/blog/search_results.mtml inflating: MT-6.0/addons/Community pack/templates/blog/sidebar.mtml inflating: MT-6.0/addons/Community pack/templates/blog/archive_widgets_group.mtml inflating: MT-6.0/addons/Community pack/templates/blog/about_this_page.mtml inflating: MT-6.0/addons/Community pack/templates/blog/monthly_archive_list.mtml inflating: MT-6.0/addons/Community pack/templates/blog/entry_response.mtml inflating: MT-6.0/addons/Community pack/templates/blog/entry_form.mtml inflating: MT-6.0/addons/Community pack/templates/blog/comment_form.mtml inflating: MT-6.0/addons/Community pack/templates/blog/openid.mtml inflating: MT-6.0/addons/Community pack/templates/global/ creating: MT-6.0/addons/Community pack/templates/global/signin.mtml inflating: MT-6.0/addons/Community pack/templates/global/navigation.mtml inflating: MT-6.0/addons/Community pack/templates/global/new_entry_email.mtml inflating: MT-6.0/addons/Community pack/templates/global/new_password_reset_form.mtml inflating: MT-6.0/addons/Community pack/templates/global/status_message.mtml inflating: MT-6.0/addons/Community pack/templates/global/search.mtml inflating: MT-6.0/addons/Community pack/templates/global/javascript.mtml inflating: MT-6.0/addons/Community pack/templates/global/userpic.mtml inflating: MT-6.0/addons/Community pack/templates/global/register_confirmation.mtml inflating: MT-6.0/addons/Community pack/templates/global/profile_error.mtml inflating: MT-6.0/addons/Community pack/templates/global/login_form.mtml inflating: MT-6.0/addons/Community pack/templates/global/footer.mtml inflating: MT-6.0/addons/Community pack/templates/global/new_password.mtml inflating: MT-6.0/addons/Community pack/templates/global/profile_view.mtml inflating: MT-6.0/addons/Community pack/templates/global/email_verification_email.mtml inflating: MT-6.0/addons/Community pack/templates/global/simple_header.mtml inflating: MT-6.0/addons/Community pack/templates/global/simple_footer.mtml inflating: MT-6.0/addons/Community pack/templates/global/login_form_module.mtml inflating: MT-6.0/addons/Community pack/templates/global/profile_edit_form.mtml inflating: MT-6.0/addons/Community pack/templates/global/form_field.mtml inflating: MT-6.0/addons/Community pack/templates/global/profile_feed.mtml inflating: MT-6.0/addons/Community pack/templates/global/header.mtml inflating:
```

○01-04-04 ディレクトリ名を変更する

最後に、FTPソフトを使って、解凍してできたディレクトリの名前を、Movable Typeのインストール先にしたいディレクトリ名に変えます。

例えば、前述の例のようにunzip.cgiを実行すると、「http://www.○○○.com」に対応するディレクトリに、「MT-6.0」のようなディレクトリができています。このディレクトリの名前を、「mt」等に変えます。

01-05　旧バージョンからのアップグレード（旧環境に上書きする場合）

Movable Type 6.0より前のバージョンのMovable Typeを使っていた場合、Movable Type 6.0にアップグレードすることができます。この節では、Movable Type 6.0へのアップグレード手順のうち、旧バージョンに上書きしてアップグレードする方法を解説します。

○ 01-05-01 アップグレードの2つの方法

Movable Typeをアップグレードする方法は、大きく分けて以下の2通りがあります。

①旧バージョンを残してアップグレードする
②旧バージョンに上書きしてアップグレードする

　①の方法は、アップグレードの際に万が一トラブルが起こったとしても、すぐに旧環境に戻すことができますので、安全性は高いです。ただし、MySQLに旧バージョンと新バージョンの2つのデータベースを作ることが必要になりますので、データベースを1つしか作れないサーバー（安価なレンタルサーバーなど）では、①の方法を取ることはできません。その場合、データベースをバックアップした上で、データベースを上書きする形でアップグレードする必要があります。
　一方の②の方法は、アップグレードの際にトラブルが起こった時に、データベースをバックアップから復元することが必要になり、①より幾分手間がかかります。ただ、データベースを1つしか作れないサーバーでも、アップグレードを行うことができます。
　この節では、上書きでアップグレードする方法を解説します。ただし、シックス・アパート社では上書きでアップグレードする方法を推奨していないとのことですので、あくまで自分の責任において行ってください。なお、旧バージョンを残してアップグレードする場合は、P.025に読み進んでください。

01-05-02 プラグインの対応確認

旧バージョンでプラグインを使っていた場合、アップグレードする前に、それらのプラグインがMovable Type 6.0に対応しているかどうかを調べます。

Movable Type 6.0は、Movable Type 5.2に対する互換性を最大限考慮して作られていますので、Movable Type 5.2で動作する多くのプラグインが、Movable Type 6.0でも動作します。

ただ、古いプラグインだとMovable Type 6.0に対応していない場合もあります。そのような時には、代わりになるプラグインを探すなどして、すべてのプラグインをMovable Type 6.0対応にできるようにする必要があります。

01-05-03 旧バージョンのファイルのバックアップとディレクトリ名変更

アップグレードの際に、何らかのトラブルが発生することもあり得ます。そこで、万が一のトラブルに備えて、旧バージョンのバックアップを行います。

Movable Type本体のファイルと、Movable Typeによって出力されたWebサイトのファイルを、自分のパソコンにダウンロードします。

次に、FTPソフト等を使って、旧バージョンのディレクトリ名を変えます。たとえば、旧バージョンのディレクトリ名が「mt」だった場合、そのディレクトリ名を「mt_old」等に変えます。

01-05-04 データベースのバックアップ

Movable Typeの各種のデータは、データベースに保存されています。そこで、データベースのバックアップも行います。

データベースのバックアップと、バックアップからの復元の手順は、Chapter01-09「Movable Typeを別のサーバーに移転する」の節で解説します（P.046参照）。

01-05-05 データベース／文字コードの変換

Movable Type 4.x以前からアップグレードする場合、以下の問題が生じる場合があります。

①Movable Type 5以降では、文字コードはUTF-8のみサポートです（Movable Type 4.xまではEUCやShiftJISも可能）。
②Movable Type 5以降では、データベースはMySQLのみサポートです（Movable Type 4.xまではPostgreSQLとSQLiteにも対応）。

この場合は、データベースや文字コードを変換することが必要です。その手順は、P.029で解説します。

01-05-06 Movable Type 6.0のアップロード

旧バージョンのバックアップが終わったら、Movable Type 6.0を、サーバーの旧バージョンが元あったディレクトリにアップロードします。

たとえば、旧バージョンのディレクトリが「/var/www/mt」で、ディレクトリ名を「mt」から「mt_old」に変えたとします。この場合、サーバーの「/var/www」ディレクトリの中に「mt」ディレクトリを作り、その中にMovable Typeの構成ファイル（「mt.cgi」等のファイルや、「lib」等のディレクトリ）をアップロードします。

アップロードが終わったら、旧バージョンのディレクトリから、Movable Typeの設定ファイル（mt-config.cgiファイル）をコピーして、新バージョンのディレクトリに入れます。また、新バージョンのディレクトリの中で、拡張子が「.cgi」のファイルのパーミッションを設定します。

なお、Movable Type 3.2以前からバージョンアップする場合は、設定ファイルが「mt-config.cgi」ではなく、「mt.cfg」と「mt-db-pass.cgi」の2つのファイルに分かれています。この場合は、以下の手順で作業します。

①mt.cfgとmt-db-pass.cgiのファイルをダウンロードし、テキストエディタ（メモ帳等）で開きます。
②mt.cfgファイルの最後に「DBPassword」と半角スペースを入力し、その後にmt-db-pass.cgiファイルの内容を貼りつけます。
③②でできたファイルを、「mt-config.cgi」という名前で保存し、新バージョンのディレクトリにアップロードします。
④サーバー上のmt.cfgとmt-db-pass.cgiを削除します。

○ 01-05-07 アップグレードの開始

ここまでが終わったら、Webブラウザを起動して、従来と同じMovable Typeの管理画面のアドレス（http://…/mt.cgi）に接続します。すると、「アップグレード開始」のページが開きますので、「アップグレード開始」のボタンをクリックします（図01-05-001）。

次に、サインインのページが開きますので、これまでの管理者のユーザー名／パスワードを入力して、「サインイン」ボタンをクリックします。

これで、アップグレードの処理が始まります。しばらくするとアップグレードが終了し、「アップグレードを完了しました」の表示になりますので、「Movable Typeに戻る」のボタンをクリックします（図01-05-002）。

図01-05-001 ■ アップグレード開始

図01-05-002 ■ アップグレード完了

アップグレードが完了したら、「Movable Typeに戻る」のボタンをクリックする

○ 01-05-08 プラグインのインストール

旧バージョンのMovable Typeにプラグインをインストールしていた場合は、それらのプラグインをMovable Type 6.0にインストールしなおします。

○ 01-05-09 旧バージョンの削除

アップグレードが問題なく終わったら、その後しばらく使ってみて、問題がないことを確認します。

問題がなければ、旧バージョンのMovable Typeはサーバーから削除して構いません。P.021ページで、旧バージョンのMovable Typeはディレクトリ名を変えておきましたので、そのディレクトリを丸ごと削除します。

○ 01-05-10 トラブルが起こった場合

アップグレードの際にトラブルが起こって、アップグレードに失敗したら、以下の手順で旧バージョンのMovable Typeに復旧します。

①Movable Type 6.0のインストール先のディレクトリ名を、他の名前に変えます。
②旧バージョンのMovable Typeのディレクトリ名を、元の名前に戻します。
③旧バージョンによって出力されたファイル（ブログの各ページのHTMLファイルなど）を、バックアップから復元します。
④MySQLのMovable Typeのデータベースから、テーブルをすべて削除します。
⑤バックアップしておいたデータベースのファイルから、データベースを復元します。
⑥Movable Typeの管理画面にログインし、旧バージョンに戻っていることを確認します。

01-06　旧バージョンからのアップグレード（旧環境を残す場合）

前の節では旧環境に上書きしてアップグレードする方法を解説しましたが、旧環境を残してアップグレードすることもできます。

01-06-01 旧バージョンのファイルのバックアップ

この節の方法では旧バージョンはそのまま残しますが、念のために旧バージョンのファイルをすべてバックアップしておきます。この手順は、旧バージョンに上書きする時と同じですので、P.021を参照してください。

なお、この節の方法では、新バージョンは旧バージョンと別のディレクトリにインストールします。したがって、旧バージョンのディレクトリ名は変更しません。

01-06-02 データベースの作成

新バージョン用に、MySQLにデータベースを1つ作成します。この手順は、お使いのサーバーによって異なりますので、サーバーのヘルプ等を参照してください。

例えば、旧バージョンのデータを「mt」というデータベースに保存していた場合だと、「mt6」などの名前のデータベースを作ります。

01-06-03 データベースのバックアップ

次に、旧バージョンのデータベースをバックアップします。バックアップの方法は、後のChapter01-09「Movable Typeを別のサーバーに移転する」の節（P.046）を参照してください。

○ 01-06-04 Movable Type 6.0のアップロード

次に、Movable Type 6.0をサーバーにアップロードします。旧バージョンを上書きしてしまわないように、新バージョンは旧バージョンとは異なるディレクトリにアップロードします。

例えば、旧バージョンのファイルが「http://www.○○○.com/mt/」の配下にあるとします。この場合、新バージョンのファイルは、「http://www.○○○.com/mt6/」など、旧バージョンとは異なるディレクトリにアップロードします。

アップロードが終わったら、mt.cgiなど、拡張子が.cgiのファイルのパーミッションを705等に変えて、実行可能に設定します。

○ 01-06-05 データベースの複製

旧バージョンから新バージョンへ移行する際に、データベースを変換することが必要ない場合は(旧バージョンでMySQLを使っていて、かつ文字コードがUTF-8の場合)、旧バージョンのデータベースを丸ごと複製し、新バージョン用のデータベースを作ります。

旧バージョンのデータベースを丸ごとエクスポートし、それを新バージョンのデータベースにインポートすれば、新バージョン用のデータベースができます。

データベースのエクスポートとインポートの手順は、後のChapter01-09「Movable Typeを別のサーバーに移転する」の節(P.046)を参照してください。

○ 01-06-06 データベースの変換

一方、Movable Type 4.x以前からバージョンアップする場合で、データベースとしてMySQL以外(PostgreSQLやSQLiteなど)を使っていた時や、文字コードをUTF-8以外(EUC-JP等)にしていた場合は、データベースを変換することが必要です。この手順は、後のChapter01-07「Movable Type 4.x以前からのアップグレード」の節(P.029)を参照してください。

ただし、変換後のデータは、新バージョン用のMySQLのデータベースに保存するようにします。

01-06-07 新バージョンのMovable Typeをインストールする

次に、新バージョンのMovable Typeの管理画面（mt.cgi）にアクセスします。今の時点では、新バージョンには設定情報がないので、新規インストールと同じ状態になります。画面の指示に従ってインストールを進めていきます。

インストールの途中で、データベースの設定を行うステップがあります。ここでは、データベースの情報として、複製後の新しいデータベースの情報を入力します。

さらにインストールを進めていくと、「アップグレード開始」のメッセージが表示されます（図01-06-001）。「アップグレード開始」のボタンをクリックすると、Movable Typeにログインするページが表示されますので、旧バージョンで使っていたユーザー名／パスワードでログインします。

これでデータベースがアップグレードされ、新バージョンに対応した状態になります。アップグレードが終わったら、「Movable Typeに戻る」のボタンをクリックして、管理画面にログインできることを確認します。

図01-06-001■アップグレードのメッセージ

○01-06-08 プラグインのインストール

旧バージョンのMovable Typeにプラグインをインストールしていた場合は、それらのプラグインをMovable Type 6.0にインストールしなおします。

○01-06-09 旧バージョンの削除

アップグレードが問題なく終わったら、その後しばらく使ってみて、問題がないことを確認します。

問題がなければ、旧バージョンのMovable Typeはサーバーから削除して構いません。旧バージョンのディレクトリを丸ごと削除します。

また、旧バージョンのデータベースも不要になりますので、MySQLからそのデータベースを丸ごと削除します。

○01-06-10 トラブルが起こった場合

アップグレードの際にトラブルが起こって、アップグレードに失敗したら、旧バージョンのMovable Typeに復旧します。

この節の方法では、旧バージョンはそのまま残す形を取っていますので、旧バージョンのMovable Typeを従来通り使うことができます。例えば、旧バージョンの管理画面（mt.cgi）にログインすれば、旧バージョンでブログ等を編集することができます。

01-07　Movable Type 4.x 以前からのアップグレード

Movable Type 4.x 以前からアップグレードする場合、MySQL以外のデータベースを使っていたときや、UTF-8以外の文字コードを使っていたときは、データベースおよび文字コードを変換することが必要です。

○ 01-07-01 ブログからウェブサイトに変換される

　Movable Type 4.x 以前から Movable Type 5.x にアップグレードすると、空のウェブサイトが1つ作られ、その配下にアップグレード前のブログが配置される、という仕組みになっていました。

　一方、Movable Type 6.0 では、ウェブサイト自体をブログのように扱うこともできるようになりました。そのため、Movable Type 4.x 以前から Movable Type 6.0 にアップグレードすると、ブログがウェブサイトに変換されるようになっています（図01-07-001）。

　このように、Movable Type 6.0 では、Movable Type 5.x とはアップグレード時の動作が異なりますので、注意が必要です。

図01-07-001 ■ Movable Type 4.x 以前から Movable Type 5.x ／ Movable Type 6.0 にアップグレードする際の動作の違い

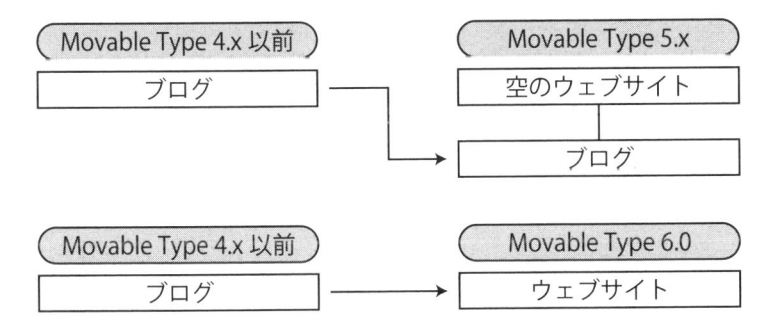

```
(Movable Type 4.x 以前)        (Movable Type 5.x)
[ブログ]              →        [空のウェブサイト]
                               [ブログ]

(Movable Type 4.x 以前)        (Movable Type 6.0)
[ブログ]              →        [ウェブサイト]
```

◯ 01-07-02 Movable Type 4.292にアップグレード

Movable Type 3.x以前からアップグレードする場合は、まずMovable Type 4.292にアップグレードします。

●Movable Type 4.292のダウンロード

Movable Type 4.292は、以下のアドレスからダウンロードすることができます。

http://www.movabletype.org/downloads/archives/4.x/MTOS-4.292-ja.zip

なお、上記のファイルは、厳密に言うとMTOS（オープンソース版Movable Type）のバージョン4.292です。

●ファイルとデータベースのバックアップ

以下の手順で、旧バージョンのファイルとデータベースをバックアップします。

① 旧バージョンのMovable Typeのファイルと、Movable Typeによって出力されたブログのすべてのファイルをバックアップします。
② 旧バージョンのMovable Typeのデータベースをバックアップします。

●新バージョンの準備

次に、旧バージョンのディレクトリの名前を変えた後、変える前と同じ名前のディレクトリを作って、その中にMovable Type 4.292のファイルをアップロードします。また、拡張子が.cgiのファイルのパーミッションを適切に設定します。

そして、旧バージョンのディレクトリから、Movable Typeの設定ファイル（mt-config.cgi）をMovable Type 4.292のディレクトリにコピーします。

ただし、Movable Type 3.2以前のバージョンからアップグレードする場合、設定ファイルは「mt-config.cgi」ではなく、「mt.cfg」と「mt-db-pass.cgi」の2つのファイルに分かれています。この場合は、以下の手順で作業します。

① mt.cfgとmt-db-pass.cgiのファイルをダウンロードし、テキストエディタ（メモ帳等）で開きます。
② mt.cfgファイルの最後に「DBPassword」と半角スペースを入力し、その後にmt-db-pass.cgiファイルの内容を貼りつけます。
③ ②でできたファイルを、「mt-config.cgi」という名前で保存し、Movable Type 4.28のディレクトリにアップロードします。

●アップグレードを行う

　ここまでが終わったら、Movable Typeの管理画面（mt.cgi）にログインします。そして、画面の指示に従って操作し、アップグレードの処理を行います。

○ 01-07-03 データベースのバックアップ

　データベースをSQLite等からMySQLに変換する時や、データベースの文字コードを変換する時には、Movable Typeのバックアップの機能を使って、既存のデータベースをバックアップします。バックアップの手順は以下の通りです。

①システムメニューに切り替え、[ツール→バックアップ]メニューを選んで、「バックアップ」のページを開きます。

②[圧縮フォーマット]と[出力ファイルのサイズ]を設定して、[バックアップを作成]ボタンをクリックします（図01-07-002）。

③画面の指示に従って操作します。

図01-07-002■バックアップの作成

○01-07-04 バックアップファイルの文字コードの変換（UTF-8以外で運用していた場合）

　既存のMovable TypeをUTF-8以外の文字コードで運用していた場合は、バックアップファイルの文字コードを変換します。

●バックアップの解凍

　まず、バックアップの際にファイルを圧縮していた場合は、いったんその圧縮を解凍し、中身のバックアップファイルを取り出します。

●文字コードの変換

　次に、バックアップファイルの中で、拡張子が「.manifest」のファイルと「.xml」のファイルで、文字コード変換ツール等を使って文字コードをUTF-8に変換します。さらに、拡張子が「.xml」のファイルでは、ファイルの先頭にある以下のような行を削除します。

```
<?xml version='1.0' encoding='文字コード'?>
```

●バックアップの圧縮

　バックアップの際にファイルを圧縮していた場合は、ファイルを再度元のように圧縮します。

○01-07-05 データベース関係の準備

　データベースの変換のために、以下の準備作業を行います。

●データベースのテーブルの削除（既存のMovable TypeをMySQLで運用していた場合）

　既存のMovable TypeをMySQLで運用していて、かつ文字コードがUTF-8でない場合は、この時点で既存のデータベースのテーブルをいったん削除します。手順は以下の通りです。

①phpMyAdminにログインし、Movable Typeのデータベースを操作できる状態にします。
②テーブル一覧の下にある[すべてチェックする]をクリックした後、その右にある[チェックしたものを]の欄で「削除」を選びます（図01-07-003）。

図01-07-003■データベースの削除

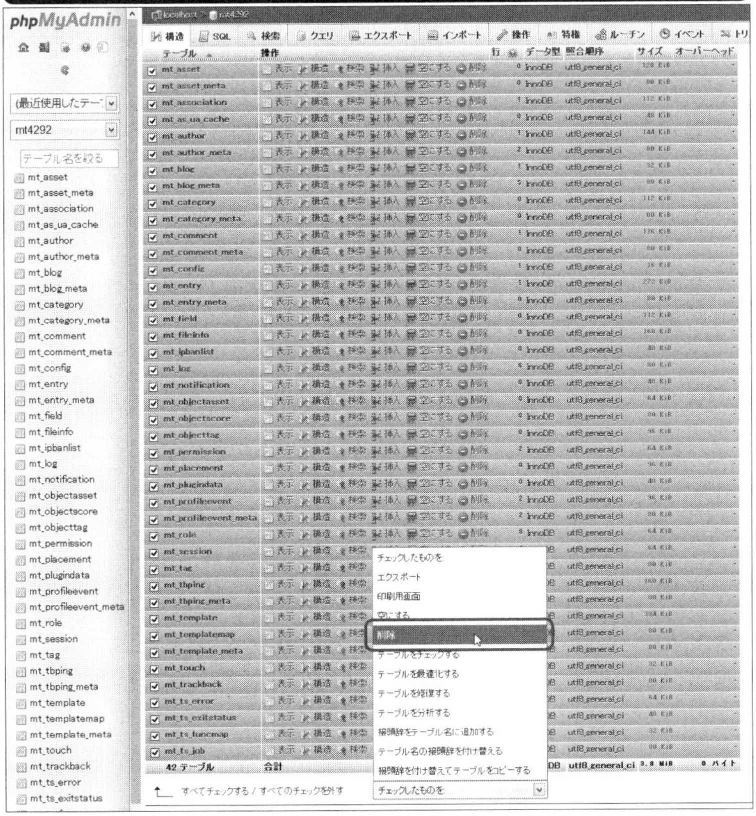

●データベースの作成(既存のMovable TypeをMySQL以外で運用していた場合)

既存のMovable TypeをMySQL以外で運用していた場合は、Movable Type用に、MySQLにデータベースを作成します。

なお、データベースの作成手順は、レンタルサーバの業者によって異なりますので、レンタルサーバーのヘルプ等を参照してください。また、データベースの文字コードは、UTF-8で日本語を正しく扱えるものにします(「utf8_general_ci」等)。

●Movable Typeの再インストール

次に、mt-config.cgiファイルを「mt-config.cgi.tmp」などの別のファイル名に変えます。この状態で、Movable Typeの管理画面(mt.cgi)にアクセスすると、Movable Typeを再度インストールする状態になりますので、画面の指示に従ってインストールを行います。なお、データベースを選ぶステップでは、必ず「MySQL」を選びます(図01-07-004)。

01-07 Movable Type 4.x 以前からのアップグレード 033

インストールが終わったら、ブログが1つ作成された状態になります。しかし、このブログは不要ですので、以下の手順で削除しておきます。

① [システムメニュー→ブログ]のメニューを選びます。
② ブログの一覧が表示されますので、ブログ名の左端のチェックをオンにし、「削除」ボタンをクリックします（図01-07-005）。

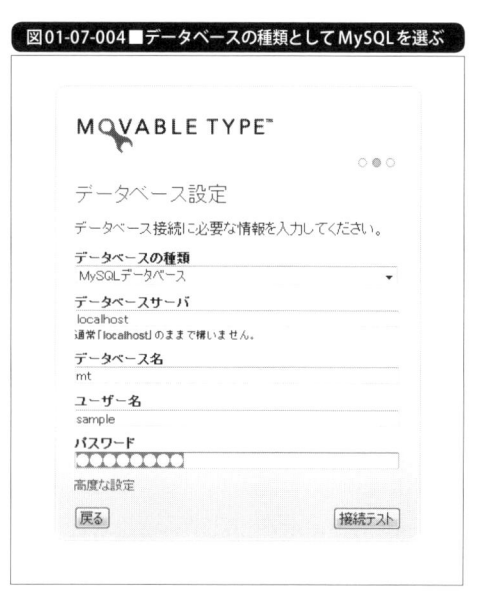

図01-07-004 ■データベースの種類としてMySQLを選ぶ

図01-07-005 ■ブログの削除

○01-07-06 バックアップの復元

最後に、バックアップを復元します。

システムメニューのページに切り替え、[ツール→復元]メニューを選んで、「バックアップから復元」のページを開きます。

次に、「参照」ボタンをクリックして、バックアップファイルを選びます。バックアップの際にファイルを圧縮していた場合は、その圧縮ファイルを指定します。一方、圧縮していなかった場合は、拡張子が「.manifest」のファイルを指定します（図01-07-006）。

ファイル名を指定したら、「復元」のボタンをクリックします。この後は、画面の指示にしたがって、復元の操作を行います。

図01-07-006■バックアップの復元

○01-07-07 ブログの再構築

　ここまでで、データベースおよび文字コードの変換の作業は終わりです。最後に、ブログを再構築してみて、正しく再構築できることを確認します。また、再構築後のページを開いて、文字化けしていないかどうかなどの点も確認します。

　なお、テンプレートによっては、ブログ等のIDに依存する書き方をしているものがあります。その場合、ここまでの手順でバックアップと復元を行うと、ブログ等のIDが変わってしまうため、テンプレートを正しく再構築できなくなる場合があります。

　その時は、テンプレートの中で、IDに依存する部分を探して修正し、再構築しなおします。

○01-07-08 Movable Type 6.0へのアップグレード

　ここまでの作業が終わったら、Movable Type 4.xからMovable Type 6.0にアップグレードします。その手順は、これまでの節で解説してきた通りです（P.020等を参照）。

01-08　ローカルでMovable Type 6.0を動作させる

Movable Type 6.0でサイトを制作する際に、自分のパソコン（ローカル）で作業して、完成してからインターネットに公開できると便利です。この節では、ローカルにサーバー環境を作って、そこでMovable Type 6.0を動作させる方法を紹介します。なお、ここではVagrantを活用するため、あえてMTOSを使用しています。シックス・アパートによれば、今後MTOSという提供形態は継続しないとされているため、自分の責任と必要性に応じてご参照ください。

◯ 01-08-01 Vagrantを利用する

　ローカルサーバーを作る方法はいろいろありますが、本書執筆時点では「Vagrant」（「ベイグラント」と発音）が流行しています。

　Vagrantは、大まかにいえば、「仮想環境をコマンドで管理するツール」です。仮想環境の作成／設定／起動／終了／管理などの操作を、コマンドで行うことができます。そのため、同じ環境を多数作成したり、他の人に配布したりといったことを行いやすくなります。

　元々は、仮想環境ソフトの「VirtualBox」を管理するためのツールです。VirtualBoxは、Oracleが提供しているオープンソースの仮想環境ソフトで、Windows／Mac／Linuxの上で、各種の仮想マシンを起動することができます。

　現状でも、Vagrantは基本的にはVirtualBoxと組み合わせて使います。ただ、VirtualBoxだけでなく、VMWareやAmazonEC2にも対応しています。

　Vagrantでは、構築済みの仮想環境のことを「Box」と呼びます。筆者がMTOS 5.2.7構築済みのBoxを提供していますので、それをMovable Type 6.0にアップグレードすることで、比較的簡単にローカル環境を作ることができます。

　また、このBoxでは、「PSGI」（Perl Server Gateway Interface）という仕組みを使って、Movable Typeをメモリに常駐させるようにしています。そのため、通常のCGIと比べて、管理画面のレスポンスが良好です。

◯01-08-02 VirtualBoxとVagrantのインストール

前述したように、Vagrantは基本的にはVirtualBoxを管理するためのツールです。したがって、Vagrantの各種のBoxを使うには、まずVirtualBoxとVagrantを自分のパソコンにインストールします。

● VirtualBoxのインストール

VirtualBoxは以下のアドレスからダウンロードすることができます。Windows用／Mac用／Linux用がありますので、自分の環境にあったものをダウンロードします。

```
https://www.virtualbox.org/wiki/Downloads
```

Windows版の場合、ダウンロードしたファイルを実行すると、VirtualBoxのインストーラが起動します。画面の指示に従ってインストールを進めます。

Mac版の場合は、ダウンロードしたファイルを開くと、ディスクイメージがマウントされ、インストールの画面が開きます。画面の中にある「VirtualBox.pkg」のアイコンをダブルクリックすると、インストールが始まります。後は、画面の指示に従ってインストールを進めます。

● Vagrantのインストール

VirtualBoxの次に、Vagrantをインストールします。Vagrantは以下のアドレスからダウンロードすることができます。

```
http://downloads.vagrantup.com/
```

このページに接続されると、Vagrantのこれまでのバージョンが一覧表示されます。本書執筆時点では、バージョン1.3.4が最新でした。

最新バージョンのリンクをクリックすると、ダウンロードのページに移動します。Windows用／Mac用／Linux用のファイルがありますので、自分の環境にあったファイルをダウンロードします。

Windowsでは、ダウンロードしたファイルをダブルクリックすると、インストーラが起動します。画面の指示に従ってインストールを進めます。

Macでは、ダウンロードしたファイルを開いてディスクイメージをマウントし、その中の「Vagrant.pkg」のアイコンをダブルクリックします。後は、画面の指示に従ってインストールを進めます。

◯01-08-03 作業用フォルダの作成

Vagrantでは、個々の仮想環境ごとにフォルダを作って、そのフォルダで作業するという仕組みを取っています。そこで、MTOSインストール済みBoxを使うために、ハードディスク上にフォルダを作っておきます。そして、フォルダを作ったら、そのパスを確認しておきます。

Windowsの場合、エクスプローラでそのフォルダを開き、エクスプローラ上端の方にあるフォルダまでの階層が表示されている欄をクリックします。すると、「ドライブ名:¥フォルダ名¥フォルダ名¥・・・¥フォルダ名」のような形でパスが表示されます。例えば、図01-08-001ではパスは「D:¥vagrant¥mt6」です。

Macの場合は、Finderでそのフォルダを開き、「ファイル」→「情報を見る」メニューを選んで、情報のダイアログボックスを開きます。「一般情報」の中の「場所」の値と、「名前と拡張子」に表示される値を「/」で連結した値が、フォルダのパスにあたります。

例えば、図01-08-002の例だと、「場所」が「/Vagrant」で「名前と拡張子」が「mt6」です。したがって、このフォルダのパスは「/Vagrant/mt6」になります。

図01-08-001■フォルダのパスを確認したところ(Windows)

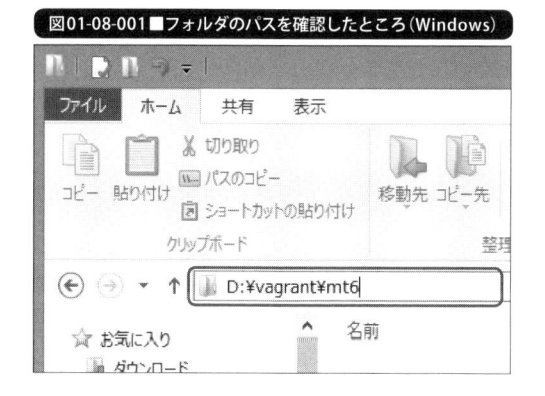

図01-08-002■フォルダのパスを確認したところ(Mac)

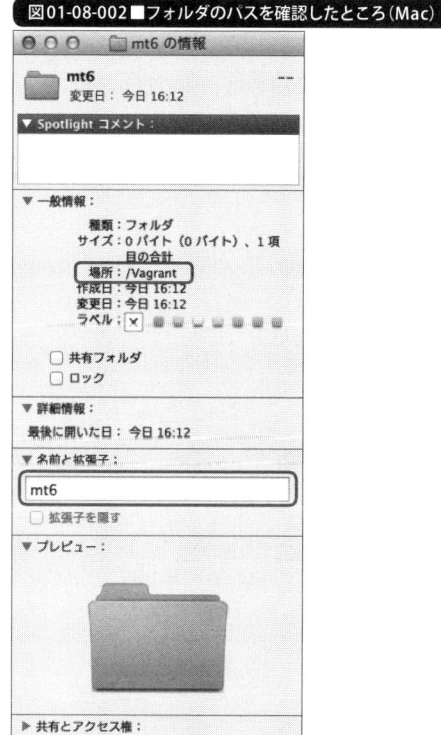

◯01-08-04 作業用フォルダに入る

前述したように、Vagrantで作業する際には、仮想環境ごとのフォルダに入って作業します。

●コマンドプロンプトで作業用フォルダに入る（Windows）

Windowsでは、「コマンドプロンプト」を起動し、作業用フォルダをカレントフォルダにします。
Windows 8では、以下の手順でコマンドプロンプトを起動します。

①スタート画面でタイルがないところを右クリックし、画面右下の「すべてのアプリ」をクリックします。
②アプリの一覧が表示されますので、その中で「コマンドプロンプト」を探してクリックします。

また、Windows 7以前では、スタートボタン→「すべてのプログラム」→「アクセサリ」→「コマンドプロンプト」の順にメニューを選びます。
　コマンドプロンプトを起動したら、以下のコマンドを実行して、作業用フォルダをカレントフォルダにします。「パス名」には、作業用フォルダのパスの先頭の「ドライブ名:」を除いた部分を指定します。

```
ドライブ名：
cd パス名
```

たとえば、作業用フォルダのパスが「D:¥vagrant¥mt6」の場合、以下のコマンドを入力します。

```
d:
cd ¥vagrant¥mt6
```

なお、ドライブ名／パス名とも、アルファベットの大文字／小文字の区別はありません。例えば、上の例で「cd ¥VAGRANT¥MT6」と入力しても、作業用フォルダをカレントフォルダにすることができます。
　また、パス名の途中にスペースを含む場合は、「cd "パス名"」のように、パス名の前後を「"」で囲みます。

●ターミナルで作業用フォルダに入る（Mac）

Macでは、「ターミナル」を起動して、作業用フォルダをカレントフォルダにします。
　ターミナルを起動するには、Finderで「移動」→「ユーティリティ」メニューを選び、ユーティリティのウィンドウを開きます。そして、その中で「ターミナル」のアイコンをダブルクリックします。

ターミナルが起動したら、以下のコマンドを実行して、作業用フォルダをカレントフォルダにします。

```
cd パス名
```

たとえば、作業用フォルダのパス名が「¥Vagrant¥mt6」の場合だと、以下のコマンドを入力します。

```
cd ¥Vagrant¥mt6
```

● コマンドプロンプト／ターミナルを開いておく

Vagrantでの作業は、すべてコマンドプロンプトやターミナルで行います。Vagrantを使い終えるまで、コマンドプロンプト／ターミナルのウィンドウを開いたままにしておきます。

○ 01-08-05 仮想環境（Box）の初期化

初めてBoxを使う際には、初期化を行います。MTOSインストール済みBoxを初期化するには、作業用フォルダで以下のコマンドを実行します。

```
vagrant init mt http://bit.ly/14YqsP7
```

○ 01-08-06 Boxの起動

ここまでの準備ができたら、MTOSインストール済みBoxを起動します。作業用フォルダで以下のコマンドを実行すると、Boxが起動します。

```
vagrant up
```

なお、仮想環境の初回起動時には、仮想環境のファイルをダウンロードするので、その分の時間がかかります。また、2回目以降の起動時も、起動には数分程度の時間がかかります（マシンのスペックによります）。

◯01-08-07 SFTPでBoxに接続する

　MTOSインストール済みBoxでMovable Type 6.0を使うには、BoxにMovable Type 6.0をアップロードします。また、Movable Typeでプラグインを使う場合には、プラグインのファイルをアップロードします。

　ただ、アップロードの際には、SFTPに対応したソフトが必要です。ここでは、「FileZilla」というソフトでファイルをアップロードします。

●FileZillaのインストール

FileZillaは以下のページからダウンロードします。

```
http://sourceforge.jp/projects/filezilla/
```

　Windowsでは、エクスプローラ等でダウンロードしたファイルをダブルクリックすると、インストールすることができます。

　またMacでは、ダウンロードしたファイルを解凍し、出力された「FileZilla」のファイルをアプリケーションフォルダにコピーします。FileZillaをはじめて起動する際には、Controlキーを押しながらFileZillaのアイコンをクリックし、メニューの「開く」を選びます。

●接続情報の表示

　FileZillaからVagrantに接続するために、接続の情報を表示します。作業フォルダに入って、「vagrant ssh-config」のコマンドを実行すると、情報が表示されます。それらの情報の中で、「HostName」「User」「Port」「IdentityFile」の4つの情報を使います。

●鍵の設定

　次に、FileZillaに鍵の情報を設定します。手順は以下の通りです。

①Windowsでは、「編集」→「設定」メニューを選びます。また、Macでは「FileZilla」→「Preferences」メニューを選びます。
②「設定」のダイアログボックスが開きます。
③左端のツリーで「SFTP」を選びます。
④「鍵ファイルを追加」ボタンをクリックします（図01-08-003）。
⑤ファイル選択画面が開きますので、ssh-configのIdentifyFileのファイル名を指定します。ただし、Windowsではファイル名に含まれる「/」を「¥」に置き換えます。

⑥「FileZillaは・・・の形式に対応していません」のメッセージが表示されますので、「はい」ボタンをクリックします。
⑦変換後の鍵のファイルを保存する状態になりますので、ファイル名を付けて保存します。
⑧「設定」のダイアログボックスに戻りますので、「OK」ボタンをクリックします。

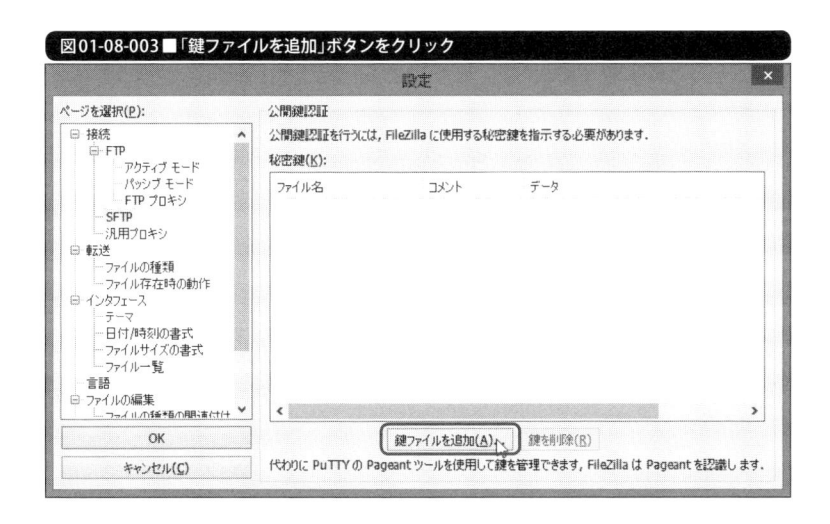

図01-08-003■「鍵ファイルを追加」ボタンをクリック

●接続先の設定

次に、以下の手順で接続先の設定を行います。

①「ファイル」→「サイトマネージャ」メニューを選び、「サイトマネージャ」のダイアログボックスを開きます。
②「新しいサイト」のボタンをクリックします。
③「エントリを選択」の部分に「新規サイト」が追加されますので、名前を「Vagrant」に変更します。
④「ホスト」の欄に、ssh configの「HostName」の値を指定します。
⑤「ポート」の欄に、ssh-configの「Port」の値を指定します。
⑥「プロトコル」の欄で「SFTP - SSH File Transfer Protocol」を選びます。
⑦「ログインの種類」で「通常」を選びます。
⑧「ユーザ」の欄に、ssh-configの「User」の値を追加します。
⑨「パスワード」の欄を空欄にします（図01-08-004）。
⑩「詳細」のタブに切り替えます。
⑪「既定のリモートディレクトリ」の欄に「/var/www/html」と入力します（図01-08-005）。
⑫「OK」ボタンをクリックします。

図01-08-004 ■接続情報を設定する

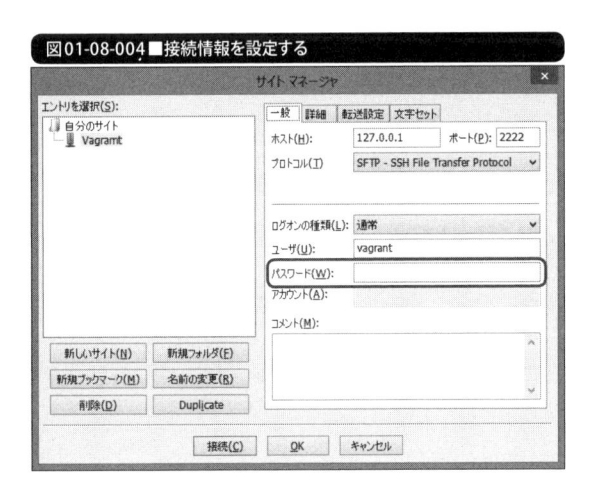

図01-08-005 ■既定のリモートディレクトリを設定する

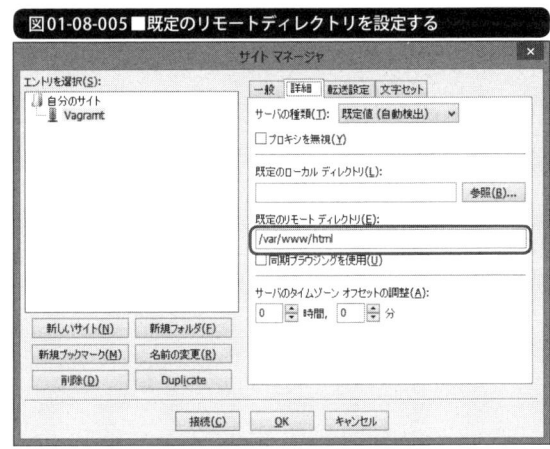

● SFTPで接続

「ファイル」→「サイトマネージャ」メニューを選び、サイトマネージャを開きます。そして、「エントリを選択」の部分で「Vagrant」を選び、「接続」ボタンをクリックします。

初めて接続する際には、「不明なホスト鍵」というダイアログボックスが開きます。「常にこのホストを信頼し、この鍵をキャッシュに追加」のチェックをオンにして、「OK」ボタンをクリックします。

接続ができると、Boxの「/var/www/html」というディレクトリに接続した状態になります。このディレクトリの中に「mt」というディレクトリがあり、MTOS 5.2.7がインストールされています。

○ 01-08-08 Movable Type 6.0 のインストール

FileZillaでBoxに接続できる状態になったら、Movable Type 6.0をアップロードしてインストールします。

● ファイルのアップロード

まず、Movable Type 6.0のZipファイルをダウンロードします(P.009参照)。そして、FileZillaでBoxに接続し、Zipファイルをアップロードします。

● Movable Type 6.0の解凍

次に、作業フォルダで「vagrant ssh」のコマンドを入力します。すると、BoxにSSHで接続して、Boxをターミナルで操作できる状態になります。

ここで、以下のコマンドを入力して、すでにインストールされているMTOS 5.2.7に、Movable Type 6.0を上書きし、

インストールできる状態にします。

なお、4行目の「cat」の前と、行の最後の「`」は、バッククオートです（Shiftキーを押しながら「@」のキーを押して入力します）。

```
cd /var/www/html
unzip MT-6_0.zip
cp -r -f MT-6_0/* mt
kill -HUP `cat /var/www/html/mt/pids/mt.pid`
```

● Movable Type 6.0 のインストール

ここまでが終わったら、以下のアドレスに接続します。

```
http://localhost:8080/mt/mt.cgi
```

すると、Movable Type 6.0のインストールウィザードが起動し、「アカウントの作成」のページが表示されます。01-03-09「管理者アカウントの作成」(P.015)から後の手順を実行して、Movable Typeをインストールします。

インストール終了後も、http://localhost:8080/mt/mt.cgiにアクセスすると、Movable Typeの管理画面を利用することができます。

○ 01-08-09 Boxの終了

パソコンの電源を切るときなど、Boxを終了したい場合は、作業フォルダで「vagrant halt」のコマンドを実行します。Boxが終了すると、コマンド入力待ちの状態に戻ります。

01-09 Movable Typeを別のサーバーに移転する

テストサーバーから本番サーバーへ移転する時など、サーバーを移転することもあります。この節では、その際の手順を解説します。

◯ 01-09-01 サーバー移転の流れ

サーバーを移転する際には、大まかには以下の手順をとります。

① 旧サーバーのデータベースを丸ごとバックアップ
② 旧サーバーのファイル（Movable Type本体や、再構築によって出力されたファイルなど）をバックアップ
③ 新サーバーにデータベースを復元
④ 新サーバーにファイルを復元
⑤ mt-config.cgiの書き換え
⑥ ウェブサイト／ブログのパスの書き換え

データベースのバックアップと復元では、phpMyAdminを使う方法と、コマンドラインを使う方法があります。ここでは、両方の手順を紹介します。

◯ 01-09-02 旧サーバーのデータベースのバックアップ

まず、旧サーバーのデータベースをバックアップします。

● **phpMyAdminを使う場合**

phpMyAdminを使ってバックアップする場合は、以下の手順をとります。なお、この手順はphpMyAdmin 4.0.5の場合で、他のバージョンでは異なる場合があります。

① WebブラウザでphpMyAdminにログインします。
② Movable Typeのデータが入っているデータベースを操作する状態にします。
③ ページ上端の方の「構造」「SQL」等の並びの中で、「エクスポート」をクリックし、エクスポートのページを開きます。
④ 「エクスポート方法」の部分で「詳細」をクリックします。
⑤ 「出力」の箇所で「出力をファイルに保存する」をオンにします（図01-09-001）。
⑥ 「Data creation options」の部分で「データを挿入するときに使う構文」で「すべてのINSERT文にカラム名を含める」をオンにします（図01-09-002）。
⑦ 「実行」ボタンをクリックします（図01-09-002）。
⑧ ファイル保存のダイアログボックスが開きますので、出力されたファイルを保存します。

図01-09-001 ■「詳細」をクリックする

図01-09-002■「すべてのINSERT文にカラム名を含める」をオンにして「実行」ボタンをクリックする

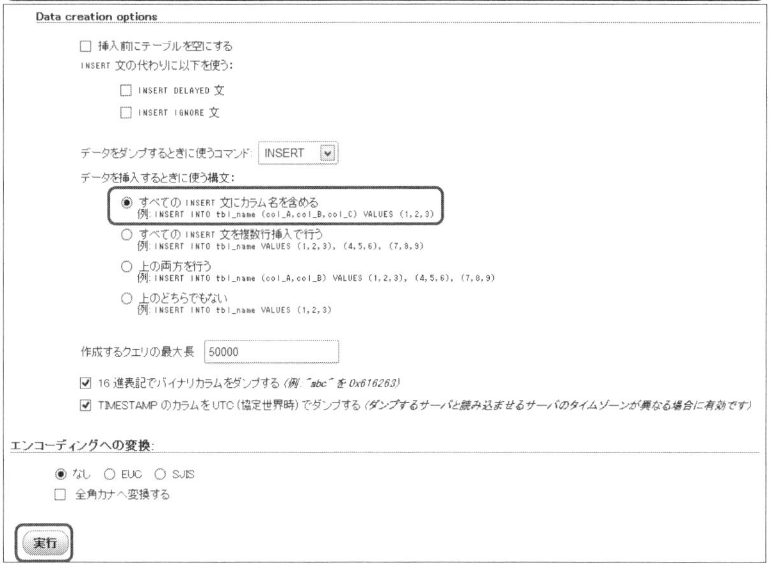

●コマンドラインを使う場合

SSH等でログインできるサーバーであれば、コマンドラインで以下のようにコマンドを入力して、バックアップすることができます。

```
mysqldump -u ユーザー名 -p データベース名 > mt.sql
```

「ユーザー名」には、MySQLに接続する際のユーザー名を指定します。また、「データベース名」には、Movable Typeのデータを保存しているデータベースの名前を指定します。

例えば、ユーザー名が「someuser」、データベース名が「mt」の場合だと、以下のようにコマンドを入力します。

```
mysqldump -u someuser -p mt > mt.sql
```

コマンドを入力すると、パスワードの入力を求めるメッセージが表示されますので、MySQLに接続する際のパスワードを入力します。

これで、カレントディレクトリに「mt.sql」というファイルが出力されますので、そのファイルをダウンロードします。なお、サーバーによっては、mysqldumpコマンドにパスが通っていないなどの理由でで、このコマンドを使えない場合もあります。その場合は、phpMyAdminでバックアップを行うようにします。

○01-09-03 旧サーバーのファイルのバックアップ

　次に、旧サーバーのMovable Type本体や、Movable Typeによって出力されたファイルを、FTP等を使ってすべてダウンロードし、バックアップしておきます。

　なお、SSH等でログインできるサーバーであれば、Movable Type本体等をtarやzipで圧縮して、その圧縮ファイルをダウンロードすると、手早くダウンロードすることができます（tarやzipの使い方については、紙面の都合上ここでは省略します）。

○01-09-04 新サーバーにデータベースを復元する

　次に、移転先の新サーバーに、先ほどバックアップしたデータベースを復元します。

● phpMyAdminを使う場合

phpMyAdminを使ってデータベースを復元するには、以下の手順をとります。

① データの復元先にするデータベースを作成します（作成方法はサーバーによって異なりますので、サーバーのヘルプ等を参照してください）。
② WebブラウザでphpMyAdminにログインします。
③ データの復元先のデータベースを操作する状態にします。
④ ページ上端の方に「構造」「SQL」等の並びの中で、「インポート」をクリックし、インポートのページを開きます。
⑤ 「インポートするファイル」のところでファイル選択のボタンをクリックし、バックアップしておいたデータベースのファイルを選択します。
⑥ 「実行」ボタンをクリックします。

●一度にインポートしきれない場合

　大きなサイトを移転する場合、旧サーバーでエクスポートしたファイルのサイズが大きくなり、一度にインポートしきれなくて、インポートに失敗する場合があります。その時は、エクスポートしたファイルをいくつかに分割して、少しずつインポートするようにします。

　phpMyAdminのインポートのページを見ると、ファイル選択ボタンの右に「最長：○○MB」の表示があります。これが、一度にインポートできるファイルサイズの上限です。したがって、このサイズより小さくなるように、エクスポートしたファイルを分割します。

　エクスポートしたファイルを見ると、「INSERT INTO」から始まる文が多数あります。「INSERT INTO」は、行の最後の「;」までが1つのSQLの文になっていますので、「;」と次の「INSERT INTO」の間でファイルを分けることができます。

　インポートをやり直す際には、まず以下の手順で、インポートに失敗したときのテーブルをすべて削除します。

①データの復元先にするデータベースを操作する状態にします。
②テーブル名一覧の下にある「すべてチェックする」のリンクをクリックします。
③その右にある「チェックしたものを」のドロップダウンで「削除」を選びます。
④画面のメッセージに従って、削除を行います。

そして、図01-09-003の方法で、分割したファイルを順番にインポートします。

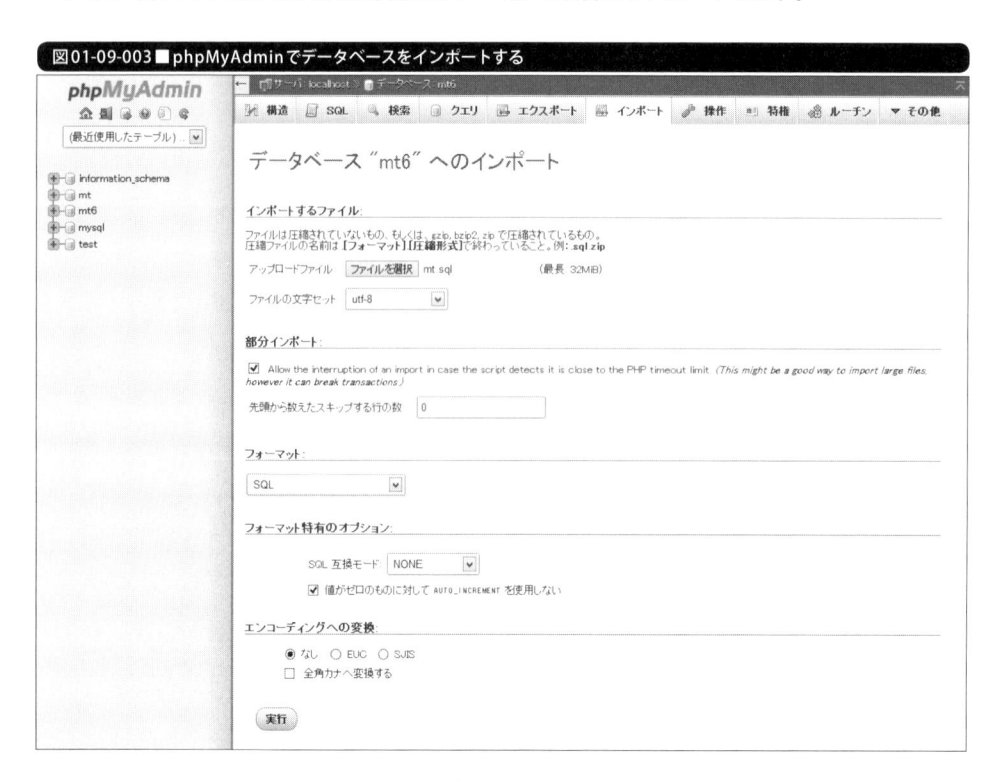

図01-09-003 ■ phpMyAdminでデータベースをインポートする

●コマンドラインを使う場合

SSH等でログインできるサーバーであれば、以下の手順でバックアップを復元することができます。

①データの復元先にするデータベースを作成しておきます（作成方法はサーバーによって異なりますので、サーバーのヘルプ等を参照してください）。
②バックアップしたファイルをサーバーにアップロードします。
③SSH等でログインします。
④cdコマンドで、②のアップロード先ディレクトリをカレントディレクトリにします。
⑤以下のコマンドを入力します。

```
mysql -u MySQLのユーザー名 -p データベース名 < バックアップファイル名
```

例えば、MySQLユーザー名が「someuser」、データベース名が「mt」、バックアップファイル名が「mt.sql」の場合だと、以下のように入力します。

```
mysql -u someuser -p mt < mt.sql
```

⑥パスワードの入力を求められますので、MySQLのパスワードを入力します。

○ 01-09-05 新サーバーにファイルをアップロードする

次に、Movable Type本体や、Movable Typeによって出力されたファイルを、新サーバーにアップロードして復元します。

独自ドメインを使ってMovable Typeを運用していた場合だと、サーバー移転の前後で、ウェブサイト等のURLが変わらない形にしたいことが多いと思います。その場合、移転後のサーバーにファイルをアップロードする際には、移転前とURLが変わらないように、アップロード先のディレクトリを考慮します。

例えば、これまで「http://www.○○○.com/」のドメインで、Movable Typeを運用してきたとします。また、旧サーバーでは、「http://www.○○○.com/」に対応するディレクトリが「/data/web」ディレクトリだったとします。

一方、移転後の新サーバーでは、「http://www.○○○.com/」のドメインに、「/var/www」ディレクトリが対応するとします。

この場合、まず旧サーバーの「/data/web」ディレクトリ以下のファイルをすべてダウンロードします。そして、それらのファイルを新サーバーの「/var/www」ディレクトリ以下にアップロードします。

◯01-09-06 mt-config.cgiの書き換え

　データベースとファイルを復元し終わったら、新サーバーのMovable Typeのディレクトリにある「mt-config.cgi」ファイルを、新サーバーの設定に応じて書き換えます。書き換える箇所は以下の通りです。

● CGIPath

　Movable Typeのインストール先ディレクトリの位置を表します。通常は「/mt」のように、「http://◯◯◯.com」等を除いたアドレスになっています。移転先のMovable Typeの位置に応じて、適切に書き換えます。

　例えば、移転先のMovable Typeのアドレスが、「http://www.◯◯◯.com/mt6/～」になるように、ファイルをアップロードしたとします。この場合、CGIPathの行を以下のように書き換えます。

```
CGIPath /mt6
```

● StaticWebPath

　Movable Typeの「mt-static」ディレクトリの位置を表します。CGIPathと同様に、「http://◯◯◯.com」等を除いたアドレスになっています。CGIPathと同様の方法で、移転先のMovable Typeの位置に応じて、適切に書き換えます。

● StaticFilePath

　Movable Typeの「mt-static」ディレクトリの位置を、サーバーのルートディレクトリからのパスで表します。移転先のMovable Typeの位置に応じて、適切に書き換えます。

　例えば、サーバーの「/var/www/mt6」ディレクトリ以下に、Movable Typeのファイルをアップロードしたとします。この場合、StaticFilePathの行を以下のように書き換えます。

```
StaticFilePath /var/www/mt6/mt-static
```

● Database

　MySQLのデータベース名を表します。移転先のデータベース名に合わせて書き換えます。例えば、移転先のデータベース名が「mt6」なら、以下のように書き換えます。

```
Database mt6
```

● DBUser／DBPassword

　MySQLに接続する際のユーザー名とパスワードを表します。これらも、移転先のデータベースの設定に合わせて書き換えます。例えば、移転先ではユーザー名が「someuser」で、パスワードが「somepass」の場合、以下のように書き換えます。

```
DBUser someuser
DBPass somepass
```

● DBHost

　MySQLのホスト名を表します。これも、移転先のサーバーで指定されている値に書き換えます。例えば、移転先のMySQLのホスト名が「mysql.○○○.com」の場合、以下のように書き換えます。

```
DBHost mysql.○○○.com
```

○01-09-07 ウェブサイトのパスの書き換え

　ここまでの作業が終わったら、移転先のMovable Typeの管理画面（mt.cgi）にログインします。そして、ウェブサイトのパスを、新サーバーのディレクトリ構造に応じて書き換えます。書き換える手順は以下の通りです。

①ダッシュボードで、書き換える対象のウェブサイトをクリックします。
②ページ左端のメニューで、［設定→全般］を選びます。
③「公開パス」の「ウェブサイトパス」で、「編集」ボタンをクリックします。
④移転先サーバーのディレクトリ構造に応じて、ウェブサイトパスの値を書き換えます。
⑤「変更を保存」ボタンをクリックします。

　例えば、これまで「http://www.example.com/」のドメインで、Movable Typeでウェブサイトを運用してきたとします。また、旧サーバーでは、「http://www.example.com/」に対応するディレクトリが「/data/web」ディレクトリだったとします。
　一方、移転後の新サーバーでは、「http://www.example.com/」のドメインに、「/var/www」ディレクトリが対応するとします。
　この場合、移転直後の状態では、ウェブサイトのパスは「/data/web」に設定されています。これを「/var/www」に書き換えます（図01-09-004）。

図01-09-004■ウェブサイトのパスを書き換える

Chapter 02　テンプレートのカスタマイズ

Chapter 02では、Movable Type 6.0をインストールした後に行うテンプレートのカスタマイズについて、基礎的な話から、変数を利用した高度なテンプレートのカスタマイズまでを解説します。

02-01　Movable Typeでのサイト制作の概要

Movable Typeの第一歩として、Movable Typeの主な構成要素（ウェブサイト／ブログ／記事／カテゴリ）の概要と、それらの作成／編集方法を解説します。

○ 02-01-01 ウェブサイトとブログ

　Movable Type（MT）は、初期のブログツールから、ウェブサイト全体（コンテンツ、内容）を管理するためのツールに進化しました。そのため、コンテンツ（Contents）を管理する（Management）システム（System）の頭文字を取った「CMS」と呼ばれることもあります。管理するというと難しいですが、MTの役割をおおざっぱに言うと、ウェブサイト内のHTMLやCSSなどのファイルなどを更新しやすくすることです。

　従来は、ホームページ作成ソフトを使用してパソコンで修正し、そのHTMLをウェブサーバーにアップロードしていました。一方のMTでは、ウェブサーバー上でHTML等を直接に更新することができます。その結果、固有のパソコンでなくても、ウェブにアクセスできるブラウザがあれば更新が可能になり、ウェブサイトの管理が楽になりました（スマートフォンでも更新可能）。

　また、多数のページを作成すると、各ページ間のリンクの設定など、面倒なことが出てきます。MTでは、これらの面倒なことを自動化することができ、ウェブサイトの管理を大幅に楽にすることができます。

　ブラウザで開くことができるデータ管理ページのことを、一般的には「管理画面」と呼びます。ユーザーは「管理画面」からホームページに表示したいテキストを入力します。MTはそのデータをサーバーのデータベース（MySQLなど）に「保存（更新）」します。そして、ユーザーが公開の指示を出すと、MTはデータベースのデータからHTMLを作ります。この作業をMTでは「再構築」と呼んでいます。

　MTの管理しているコンテンツは「ウェブサイト」という単位で扱います。この「ウェブサイト」は、一般的なウェブサイトと同じ意味です。

　そして、そのウェブサイトの中に「ブログ」を複数個作成できます。この「ブログ」も一般的なブログと同じ意味です。多数のブログを組み合わせて複雑なサイトを作る際には、ウェブサイトの配下にブログを作る形を取ることができます（図02-01-001）。

　また、Movable Type 6.0では、ウェブサイト自体をブログと同様に扱うことができるようになりました。ブログ1つで済むようなシンプルなサイトの場合は、ウェブサイトを1つ作るだけで管理することができます（図02-01-002）。

図02-01-001■ウェブサイトの配下に複数のブログを作って管理することができる

```
┌─ ウェブサイト ──────────────────────┐
│ ┌─ ブログ ─┐ ┌─ ブログ ─┐     ┌─ ブログ ─┐ │
│ │・記事    │ │・記事    │     │・記事    │ │
│ │・カテゴリ│ │・カテゴリ│ ... │・カテゴリ│ │
│ │・画像    │ │・画像    │     │・画像    │ │
│ │・etc     │ │・etc     │     │・etc     │ │
│ └──────────┘ └──────────┘     └──────────┘ │
└────────────────────────────────────────────┘
```

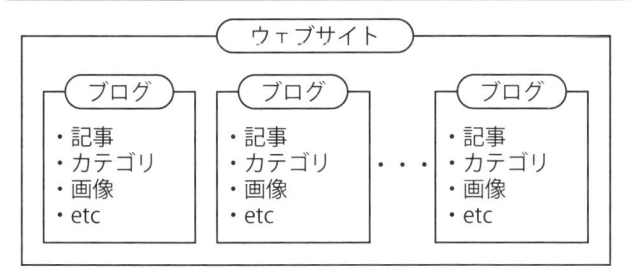

図02-01-002■ウェブサイトをブログのように扱ってシンプルなサイトを作ることもできる

```
┌─ ウェブサイト ──┐
│ ・記事          │
│ ・カテゴリ      │
│ ・画像          │
│ ・etc           │
└─────────────────┘
```

○ 02-01-02 ウェブサイトを作成する

前述したように、Movable Typeのウェブサイトは、実際のウェブサイトに対応する存在で、ウェブサイトを管理するために使います。そのため、MTのインストールの際に、ウェブサイトを作成するようになっています。

また、1つのMovable Typeで複数のウェブサイトを管理することもできます。

●インストール時にウェブサイトを作成する

インストール時にウェブサイトを作成する場合、構築しようとしている「ウェブサイトのURL」と、そのウェブサイトが存在する「ウェブサーバー上のファイルパス」を設定します。

また、[テーマ]の欄では、ウェブサイトに適用する「テーマ」を選びます。テーマは、テンプレート(個々のページのひな形)などをパッケージ化したものです。ここでは、「Rainier」というテーマを選ぶことにします(図02-01-003)。

Rainierテーマは、シンプルなブログ風のサイトに適したテーマです。レスポンシブウェブデザインにも対応していて、パソコンだけでなく、スマートフォンやタブレットで見たときにも見やすいレイアウトのページになります(図02-01-004、図02-01-005)。

なお、インストールの際に設定する内容は、インストール完了後に変更することもできます。

図02-01-003■ウェブサイトのURL／パスとテーマを設定する

図02-01-004■Rainierテーマのデザイン

PCでページを開いた場合

図02-01-005■Rainierテーマのデザイン

スマートフォンでページを開いた場合

●インストール後にウェブサイトを作成する

　Movable Typeのインストール後に、ウェブサイトを作成することもできます。

図02-01-006■ウェブサイトの作成

[ユーザーダッシュボード→ウェブサイトの作成]で作成画面を開きます。

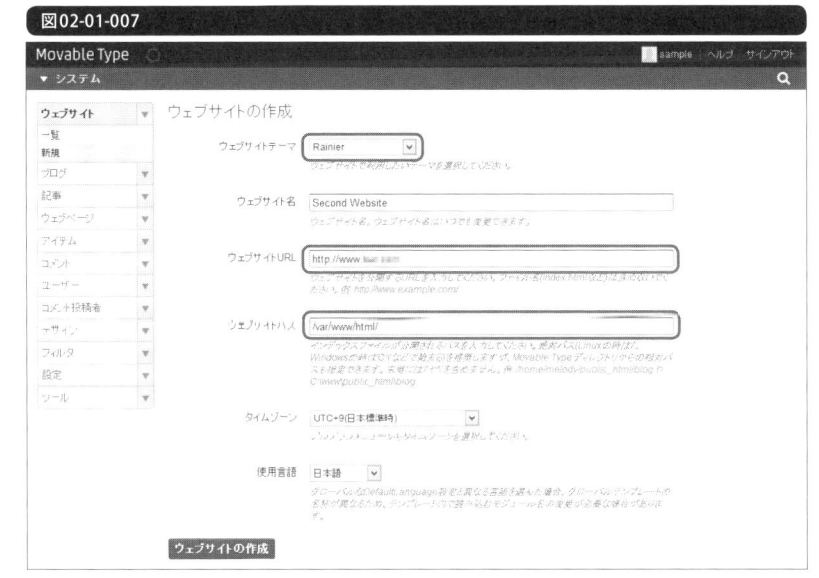

図02-01-007

インターフェースは違いますが、入力項目はインストール時のものと同じです。

　「ウェブサイト」を作成した時点では、その設定が保存されるだけです。すでにあるファイルが直ちに削除されたり、上書きされたりすることはありません。Movable Typeでは、サイト内の各ページを、HTMLファイルとして事前に静的に出力する仕組みを取っています。これを「再構築」と呼びます。

Point 02-01-001 ■再構築の無効化

　既存のウェブサイトをMovable Typeで管理するように変えたい場合、誤操作による上書き事故を避けるために「再構築」を無効化しておくと安心です。

　[ユーザーダッシュボード→ウェブサイト→デザイン→テンプレート]を開くと、テンプレートの一覧が表示されます（図02-01-008）。この先頭の[インデックステンプレート]の部分で、個々のテンプレートを順に開き、テンプレートの設定を変えていきます。

　テンプレートの名前をクリックすると、そのテンプレートを編集するページが開きます。ここで[テンプレートの設定]をクリックして設定を開き、[公開]の欄を[公開しない]に変更して、[変更を保存]ボタンをクリックします（図02-01-009）。

　なお、非公開にしたテンプレートを公開に戻したい場合は、図02-01-009のページを再度開いて、[公開]の欄を[スタティック（既定）]にしてから、[変更を保存]ボタンをクリックします。

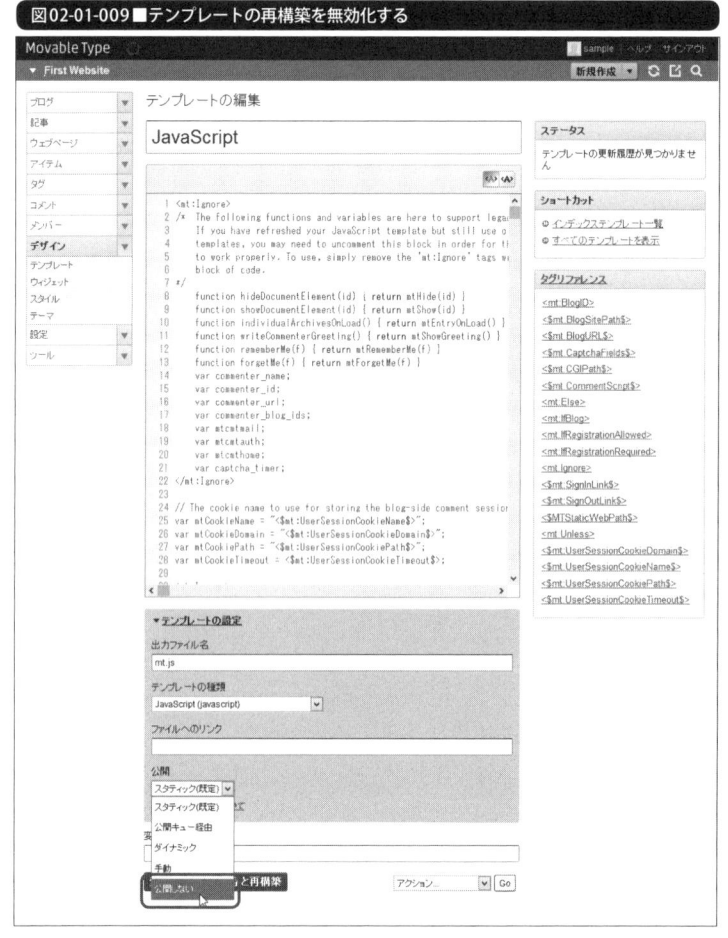

図02-01-008 ■テンプレートの一覧を開く

図02-01-009 ■テンプレートの再構築を無効化する

○ 02-01-03 ブログを作成する

規模の大きなサイトの場合、ウェブサイトの配下に複数のブログを作り、それらを組み合わせて管理することもできます。例えば、新着情報と商品情報を別々のブログで管理する、といったことをよく行います。

また、P.114以降で紹介する「MultiBlog」というプラグインを使うと、「ブログAの記事が更新されたときに、親のウェブサイトのメインページも同時に更新する」といった連携を行うこともできます。

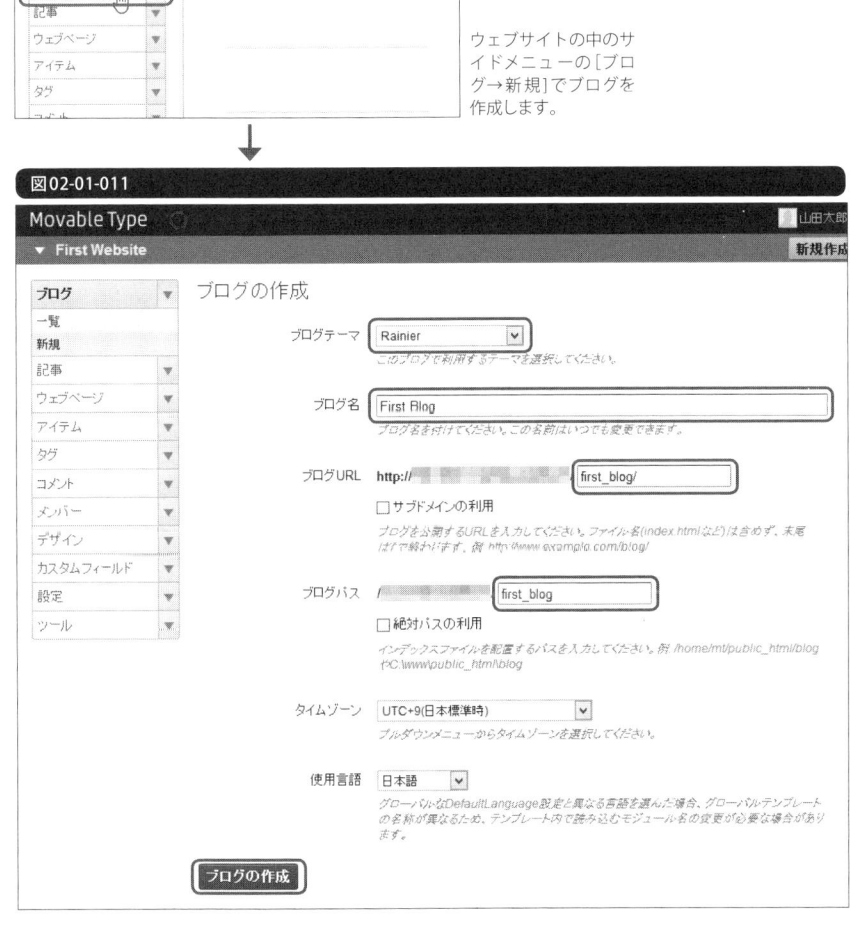

図02-01-010

ウェブサイトの中のサイドメニューの[ブログ→新規]でブログを作成します。

図02-01-011

[ブログテーマ]の欄でブログのテーマを選びます。
[ブログ名]にはブログの名前を決めて入力します（日本語も可能）。[ブログURL]と[ブログパス]は英数字で指定します。設定が終わったら[ブログの作成]をクリックします。

図02-01-012

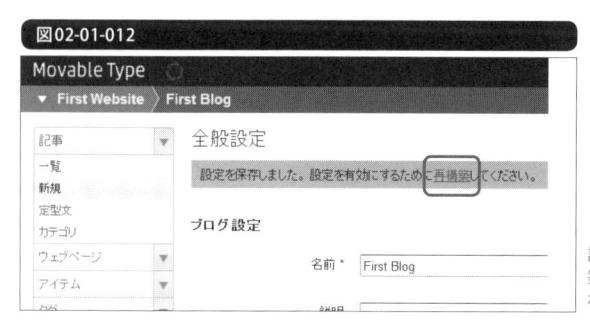

設定が保存されて、[再構築してください]と表示されます。

図02-01-013

ブログからウェブサイトに移動するには、ウィンドウ左上の部分でウェブサイト名をクリックします。

図02-01-014

ウェブサイトからブログに移動するには、ウィンドウ左上の部分で、ウェブサイト名の左の[▼]をクリックして、メニューでブログ名をクリックします。

○ 02-01-04 記事を作成する

ウェブサイトやブログには、「記事」を作ることができます。記事毎のページが出力されるほか、記事を月別やカテゴリ別などにまとめた「アーカイブページ」も出力されます(カテゴリについては後述)。

図02-01-015

記事作成先のウェブサイト(またはブログ)を選び、[記事→新規]で新規作成画面を開きます。

図02-01-016■記事の新規作成画面

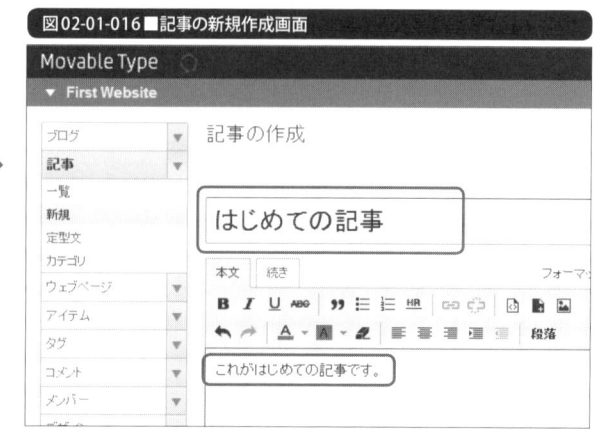

タイトルと本文を入力します。

図02-01-017

図02-01-018

[ステータス]の欄が[公開]になっていることを確認して、「公開」ボタンをクリックします。ボタンの名称は公開ステータスによって[更新]や[保存]と変わりますので、公開ステータスにも注意しましょう。

記事を公開すると[記事を見る]リンクや[表示]ボタンが表示され、公開されているブログ記事にリンクします。

図02-01-019

記事へのリンクをクリックすると、記事のページが表示されます。

02-01 Movable Typeでのサイト制作の概要

○ 02-01-05 記事とカテゴリ

ウェブサイト／ブログの個々の記事は、カテゴリで分類できます。

カテゴリの中にサブカテゴリを作って、階層関係を付けることもできます。例えば、「地域」のカテゴリを作った後で、その下に「関東」「関西」といったサブカテゴリを作ることができます。サブカテゴリの下にさらにサブカテゴリを作って、複雑な階層関係を作ることもできます。

1つの記事に対して、カテゴリは何個でも登録できます。記事を作成すると、記事をカテゴリごとにまとめたアーカイブページも出力されます。記事を複数のカテゴリに設定すると、その記事は各カテゴリのアーカイブページに出力されます。

● カテゴリの作成

カテゴリを作成するには、以下の手順を取ります。

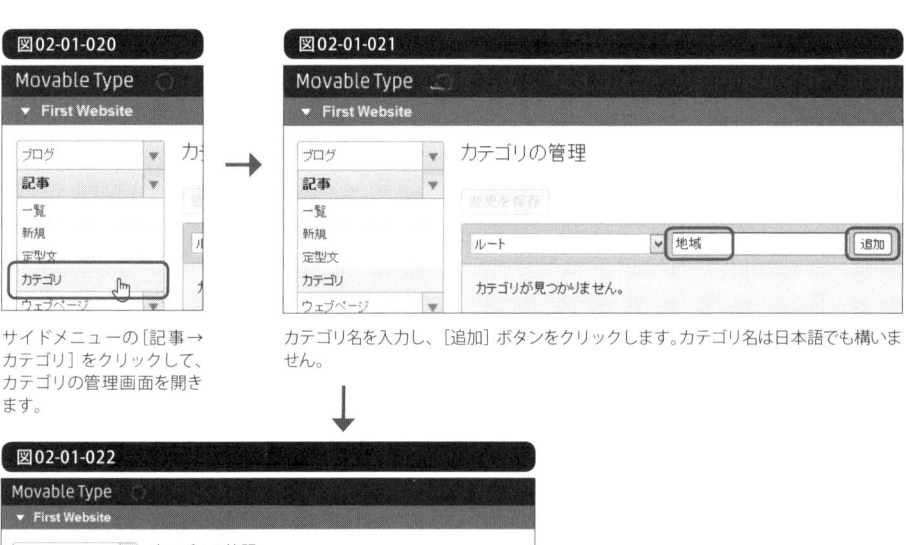

図02-01-020

サイドメニューの［記事→カテゴリ］をクリックして、カテゴリの管理画面を開きます。

図02-01-021

カテゴリ名を入力し、［追加］ボタンをクリックします。カテゴリ名は日本語でも構いません。

図02-01-022

［変更を保存］ボタンをクリックすると、編集したカテゴリが保存されます。

図02-01-023

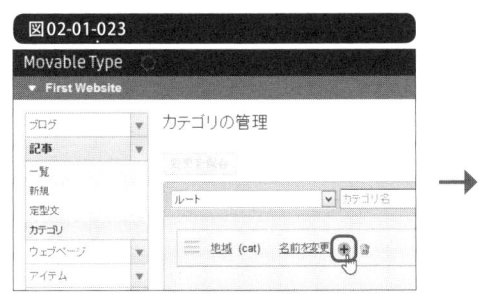

サブカテゴリを作るには、親になるカテゴリをポイントし、[+]のアイコンをクリックします。

図02-01-024

サブカテゴリが追加されますので、カテゴリ名を入力して[追加]ボタンをクリックします。その後[変更を保存]ボタンをクリックします。

Point 02-01-002 ■ベースネームの変更

個々のカテゴリには「ベースネーム」という英数字の名前も付けることができます。カテゴリごとのアーカイブページのアドレスは、ベースネームを元にして決まります。カテゴリの名前を日本語にすると、ベースネームの初期値は「cat1」のような値になります。分かりやすいベースネームに変更しておくようにします。

図02-01-025

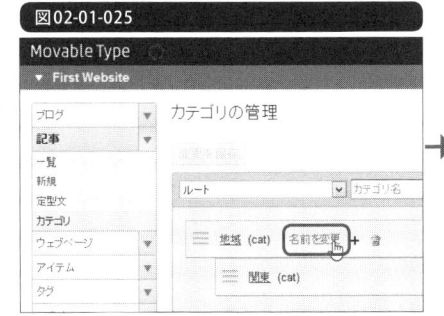

対象のカテゴリをポイントし、[名前の変更]のリンクをクリックします。

図02-01-026

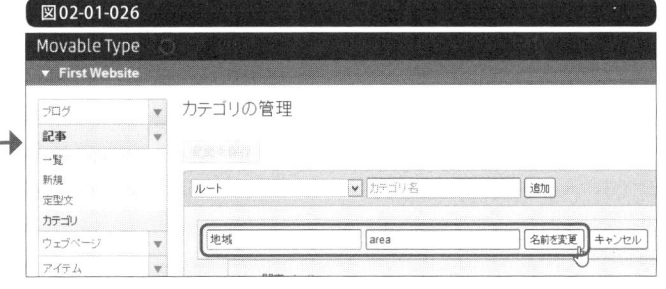

カテゴリ名とベースネームを変更する状態になります。ベースネームを付け直して、[名前を変更]ボタンをクリックします。その後、[変更を保存]ボタンをクリックします。

Point 02-01-003 ■カテゴリの並べ替え

カテゴリの順番はドラッグアンドドロップで並べ替えることができます。記事作成画面や、ウェブサイト／ブログの出力先のページでは、並べ替えた順番の通りにカテゴリが表示されます。

図02-01-027

カテゴリ名の左の三本の横線をドラッグします。

02-01 Movable Typeでのサイト制作の概要 065

●記事にカテゴリを割り当てる

　記事にカテゴリを割り当てるには、記事を書く際に、ブログ記事を割り当てる[カテゴリ]をチェックします。チェックされたカテゴリは、その下に一覧表示されます。

図02-01-028

[カテゴリ]の部分で、記事を割り当てるカテゴリをチェックします。

○ 02-01-06 ウェブページとフォルダ

　記事と似た仕組みとして、「ウェブページ」があります。記事は時系列やカテゴリ等のアーカイブページに分類されますが、ウェブページはアーカイブに分類されません。企業サイトの会社案内や沿革、ECサイトの配送方法など、分類する必要がなく、単独で作成するページには、ウェブページが適しています。

　ウェブページでは、カテゴリの代わりに、ページ単位で保存先のフォルダを指定することができます。この機能を利用すれば、ウェブページのファイル単位で「http://example.com/about/」や「http://example.com/transport/」などとフォルダを指定することができます。

　ウェブページは、ウェブサイトとブログのどちらにでも作成することができます。ウェブページを作成したいウェブサイトかブログを選択してから、ウェブページを作成します。

図02-01-029

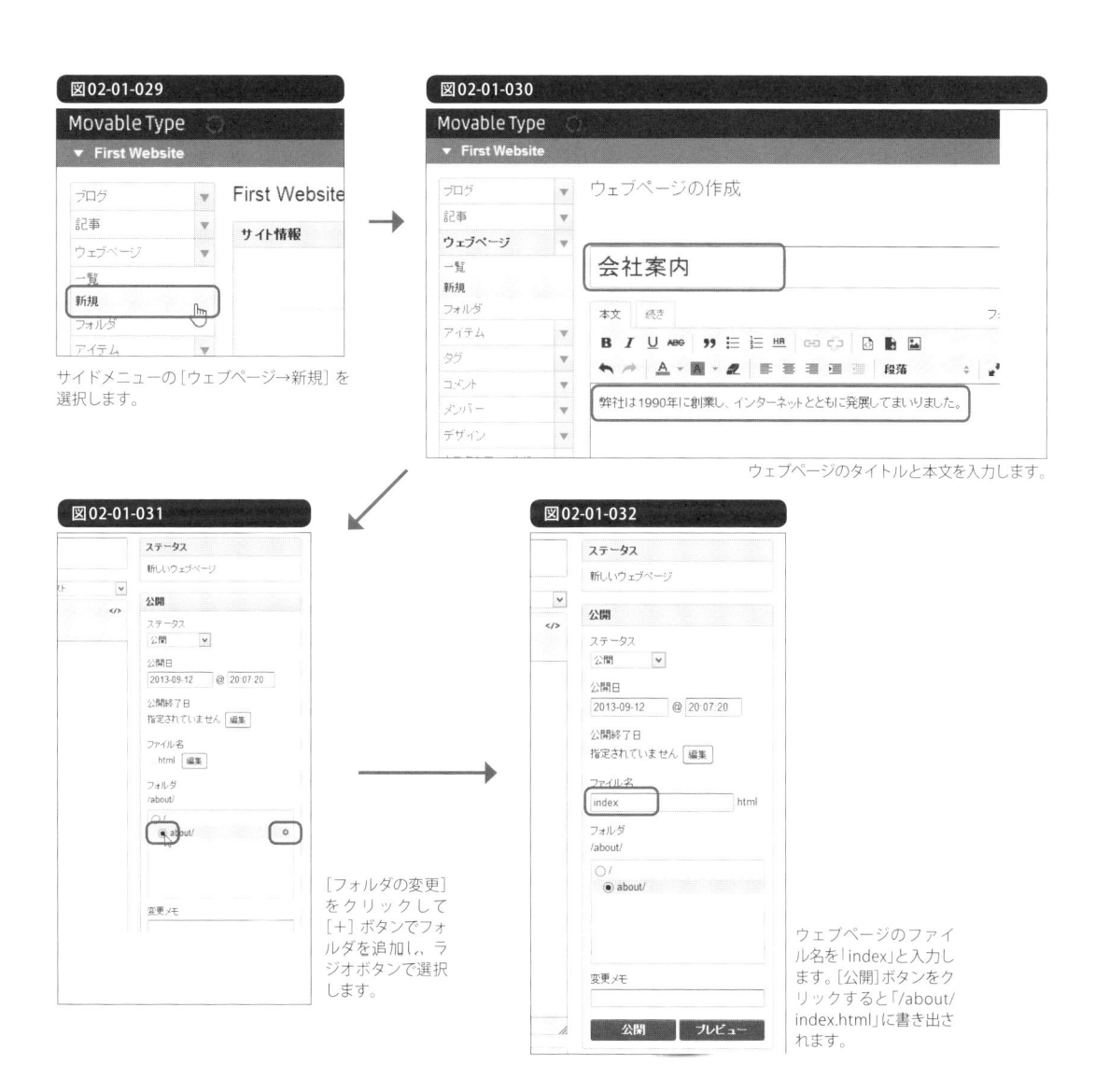

サイドメニューの[ウェブページ→新規]を選択します。

図02-01-030

ウェブページのタイトルと本文を入力します。

図02-01-031

[フォルダの変更]をクリックして[+]ボタンでフォルダを追加し、ラジオボタンで選択します。

図02-01-032

ウェブページのファイル名を「index」と入力します。[公開]ボタンをクリックすると「/about/index.html」に書き出されます。

Point 02-01-004 ■フォルダの管理

ブログ記事の編集画面で作成したフォルダは、サイドメニューの[ウェブページ→フォルダ]で管理されています。カテゴリの管理と同様の手順で、フォルダの追加・変更・階層構造・削除を行うことができます。

図02-01-033 ■フォルダの管理画面

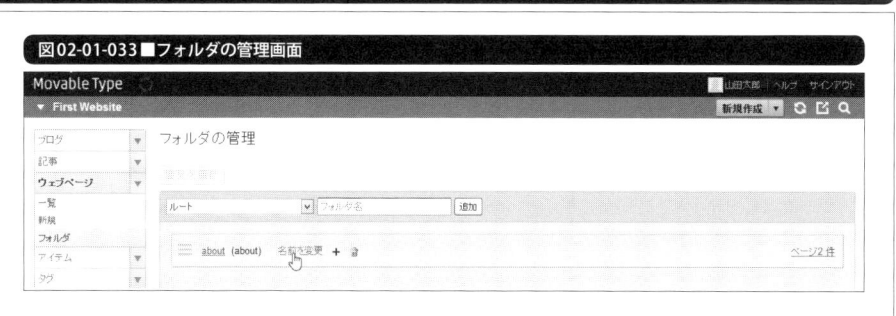

02-02 テンプレートの基本

Movable Type 6では、「テンプレート」を使ってウェブサイト内の様々なデータをHTMLに出力します。ここでは、テンプレートの基本を解説します。

○ 02-02-01 テンプレートとは

MTのカスタマイズの鍵を握るのは、「テンプレート」です。テンプレートは、HTMLやCSSの雛形のことを指します。

ウェブサイト/ブログのサイドメニューで[デザイン]→[テンプレート]をクリックすると、テンプレートの一覧が表示されます。ここでテンプレートの名前をクリックすると、そのテンプレートを編集する状態になります。

テンプレートでは、HTML/CSSに限らず、テキストファイルであれば何でも書き出すことができます。

MTでは、テンプレートを元にしてHTMLなどのファイルを書きだすことを、「再構築」と呼びます。記事を保存した時には、その記事に関連するテンプレートが自動的に再構築され、メインページやアーカイブページが出力されます。

また、ウィンドウ右上の[再構築]ボタンをクリックし、テンプレートの種類を指定して、それに関係するページを手動ですべて再構築することもできます。

図02-02-001

記事を作成して[公開]や[更新]のボタンをクリックすると、その記事に関連するページが再構築されます。

図02-02-002

画面右上の[再構築]ボタンをクリックし、テンプレートの種類を指定して、再構築することもできます。

○ 02-02-02 ブログテンプレート／ウェブサイトテンプレート／グローバルテンプレート

テンプレートは、その所属先によって、大きく分けて3種類に分かれます。

1つ目は、ブログに入力した記事等を出力するためのテンプレートです。これらのテンプレートを「ブログテンプレート」と呼びます。

2つ目は、ウェブサイトに入力した記事等を出力するためのテンプレートです。これらのテンプレートを「ウェブサイトテンプレート」と呼びます。

そして3つ目は、すべてのブログやウェブサイトが共通に利用できる「グローバルテンプレート」です。

これらのテンプレートは、ブログ／ウェブサイト／システムのそれぞれの階層で、サイドメニューの［デザイン→テンプレート］で確認することができます。各レベルとも、テンプレートはいくつかのグループに分けられています。

図02-02-003■ブログテンプレートの一覧

インデックステンプレート／アーカイブテンプレート／テンプレートモジュール／システムテンプレートの4種類があります。

図02-02-004■ウェブサイトテンプレートの一覧

ブログと同様に4種類があります。

図02-02-005 ■グローバルテンプレートの一覧

テンプレートモジュール／メールテンプレート／システムテンプレートの3種類があります。

図02-02-006 ■テンプレートの編集

テンプレート一覧の画面でテンプレート名をクリックすると、そのテンプレートの内容を編集する状態になります。テンプレート編集後に［保存と再構築］ボタンをクリックすると、テンプレートが保存され、そのテンプレートに基づくHTMLファイルが出力されます。ただし、単独で再構築することができないテンプレートでは、［保存］ボタンのみ表示されます。

○ 02-02-03 インデックステンプレート

インデックステンプレートは、1つのテンプレートから1つのファイルが出力されるテンプレートです。ブログ／ウェブサイトのメインページ（index.html）や、スタイルシートなどを出力する際に使います。

インデックステンプレートは、ブログ／ウェブサイトに存在します。ブログ／ウェブサイトを作成したときにテーマを選びましたが、そのテーマによって、最初に作成されるインデックステンプレートは一部異なります。

既存のインデックステンプレートを編集するだけでなく、独自のインデックステンプレートを作ることもできます。その方法を紹介します。

図02-02-007 ■インデックステンプレートの作成

ここで、［インデックステンプレートの作成］のリンクをクリックします。

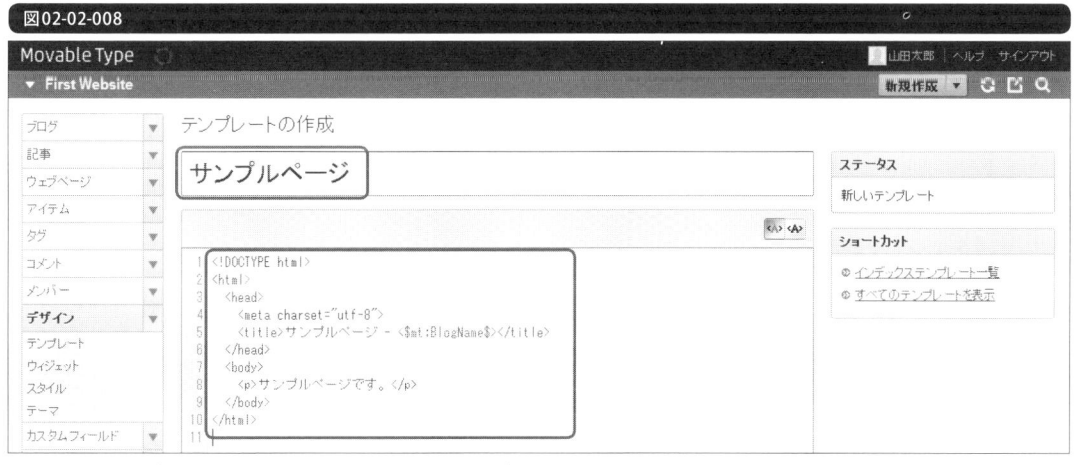

図02-02-008

一番上の欄に、テンプレートの名前を入力します。その下の欄に、テンプレートの内容を入力します。

図02-02-009

[テンプレートの設定]部分の[出力ファイル名]に、出力するファイルの名前を入力します。そして、[保存]ボタンをクリックします。

○ 02-02-04 アーカイブテンプレート

アーカイブテンプレートは、1つのテンプレートから、同じ構造のHTMLを多数出力する際に使います。個々の記事のページや、記事をまとめたアーカイブページを出力する際に、アーカイブテンプレートを使います。アーカイブテンプレートには、表02-02-001の3種類があります。

個々のページのファイル名は、一定のパターンに沿って付けられます。このような、テンプレートに出力ファイル名のパターンを関連付けることを、「アーカイブマッピング」と呼んでいます。

アーカイブテンプレートを複数作って、1つのソース(記事等)から、複数種類のファイルを出力することもできます(例:PC用とスマートフォン用の2種類のページを出力する)。ただし、これはやや高度な手法なので、ここでは省略します。

ここでは、アーカイブマッピングを変える方法のみ取り上げます(図02-02-010〜図02-02-011)。

表02-02-001 ■アーカイブテンプレートの種類

種　類	概　要
記事	個々の記事のページを出力します
記事リスト	カテゴリ別や月別などのアーカイブページを出力します
ウェブページ	個々のウェブページを出力します

図02-02-010■アーカイブマッピングの変更

ウェブサイトまたはブログでテンプレート一覧を開き、アーカイブテンプレートの部分までスクロールします。そして、編集したいテンプレートの名前をクリックします。

図02-02-011

[テンプレートの設定]の部分をクリックして開き、[アーカイブマッピング]にある[パス]のドロップダウンをクリックします。そして、パスのパターンを選びます。選び終わったらテンプレートを保存します。

02-02 テンプレートの基本 073

○ 02-02-05 テンプレートモジュール

　テンプレートモジュールは、他のテンプレートに組み込んで利用するテンプレートです。複数のテンプレートに同じ部分がある場合に、その部分をテンプレートモジュールに共通化することができます（図02-02-012）。

　例えば、「Facebookのいいね！ボタン」などをテンプレートモジュールとして作成しておき、MT内のすべてのテンプレートから呼び出すようにします。そうすることで「Facebookのいいね！ボタン」などに変更が発生したときも大元のテンプレートモジュール1箇所の変更だけで対応が済み、作業を効率化できます。

　特定のブログだけで使うテンプレートモジュールは、ブログに作成します。ウェブサイト内の各ブログで共通に使うテンプレートモジュールは、ウェブサイトに作成します。また、すべてのブログやウェブサイトから利用するような共通のテンプレートモジュールはグローバルテンプレートとして作成します。

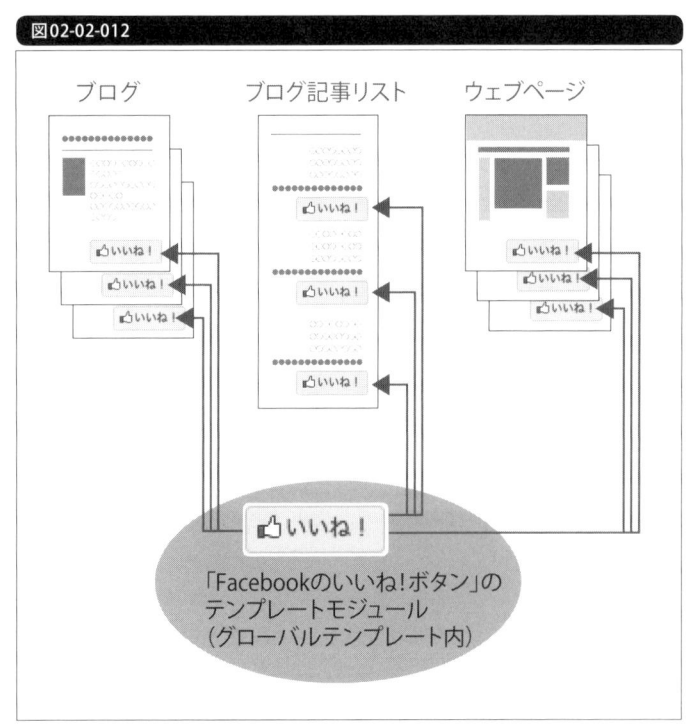

図02-02-012

各テンプレートに共通な部分をテンプレートモジュールにまとめると良い。

　また、テンプレートモジュールには「キャッシュ」と「SSI」（サーバーサイドインクルード）という機能があります。

　キャッシュとは、同じテンプレートモジュールを複数のページで再構築する際に、最初の1回だけ再構築してその結果を保存しておき、2回目以降は保存した結果を利用して、再構築を高速化する仕組みです。

またSSIは、ページにアクセスがあった時点で、テンプレートモジュールの再構築結果をサーバー側で動的に組み込む仕組みです。うまく活用すると、再構築の頻度を大きく減らすことができます。

ただし、キャッシュやSSIはやや高度な手法なので、本書では解説を割愛します。詳しくは、以下のページをご参照ください。

http://www.movabletype.jp/documentation/mt6/designer/module-caching.html

http://www.movabletype.jp/documentation/mt6/designer/server-side-includes.html

○ 02-02-06 システムテンプレート

システムテンプレートは、システムが利用するHTMLを出力する際に使います（表02-02-002）。

テンプレートの内容は、自由に変更することができます。しかし、タイトルは変更することができません。また、テーマによっては、一部のシステムテンプレートを使用しないこともあります。

表02-02-002■システムテンプレートの内容

テンプレート名	内容
コメントプレビュー	記事やウェブページにコメントを投稿する前に、投稿内容を確認するページを出力します
コメント完了	コメントの投稿が終わった時点で、コメントした人に対して、コメント完了を知らせるページを出力します
ダイナミックパブリッシングエラー	動的生成（ダイナミックパブリッシング）ができなかったときのエラーページを出力します。
ポップアップ画像	記事やウェブページの画像をポップアップ表示するようにした場合の、ポップアップページを出力します。
検索結果	記事の検索を行った際に、その結果を表示するためのページを出力します。

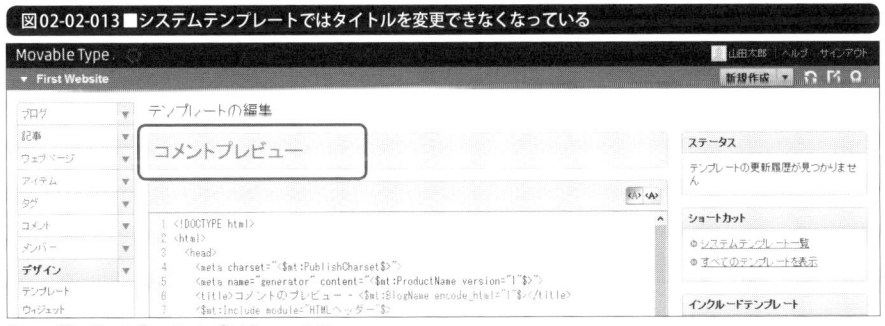

図02-02-013■システムテンプレートではタイトルを変更できなくなっている

「ウェブサイト」の「コメントプレビュー」の例。

○02-02-07 ウィジェットとウィジェットセット

　サイドバー（ページの左端や右端の列）などに並べる個々のパーツのことを、ウィジェットと呼びます。最新記事の一覧や、カテゴリの一覧などを、ウィジェットとして扱うことができます。

　また、複数のウィジェットをまとめたものを、「ウィジェットセット」と呼びます。ウィジェットセット内のウィジェットの組み合わせや並び順は、マウスのドラッグアンドドロップの操作で簡単に変えることができます。

　ウィジェットセットをインデックステンプレートやアーカイブテンプレートに組み込んで、各ページに表示するという仕組みを取ります。

　テンプレートごとに、組み込むウィジェットセットを別々にすることもできます。また、1つのテンプレートに複数のウィジェットセットを組み込むこともできます。

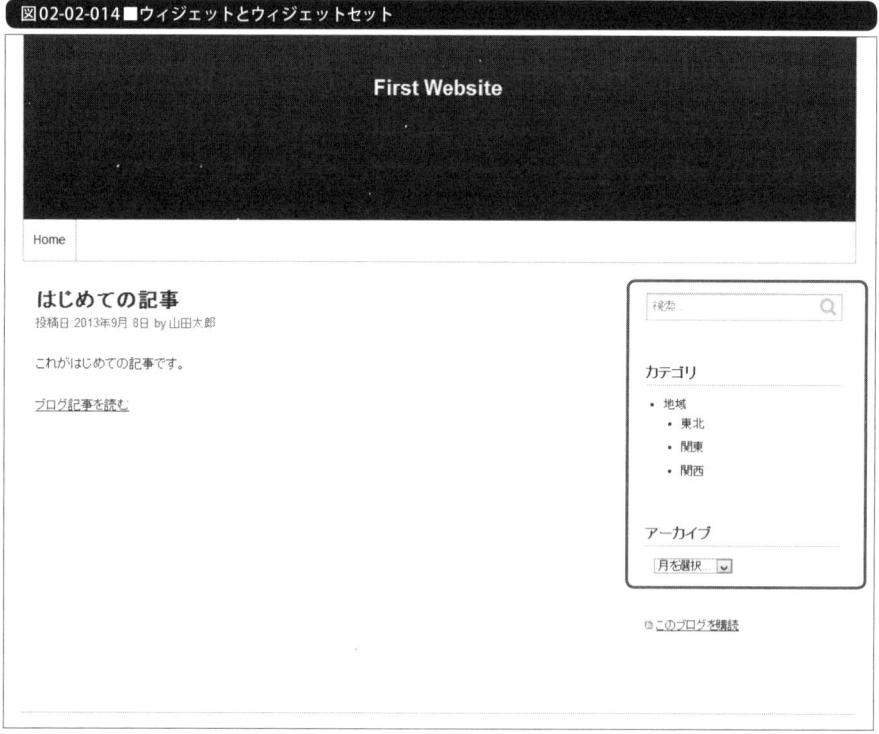

図02-02-014■ウィジェットとウィジェットセット

ページの右サイドバーが、ウィジェットセットで管理されています。また、その中にある検索欄／カテゴリ／アーカイブが、ウィジェットに対応しています。

図02-02-015 ■図02-02-014に対応するウィジェットセットの編集画面

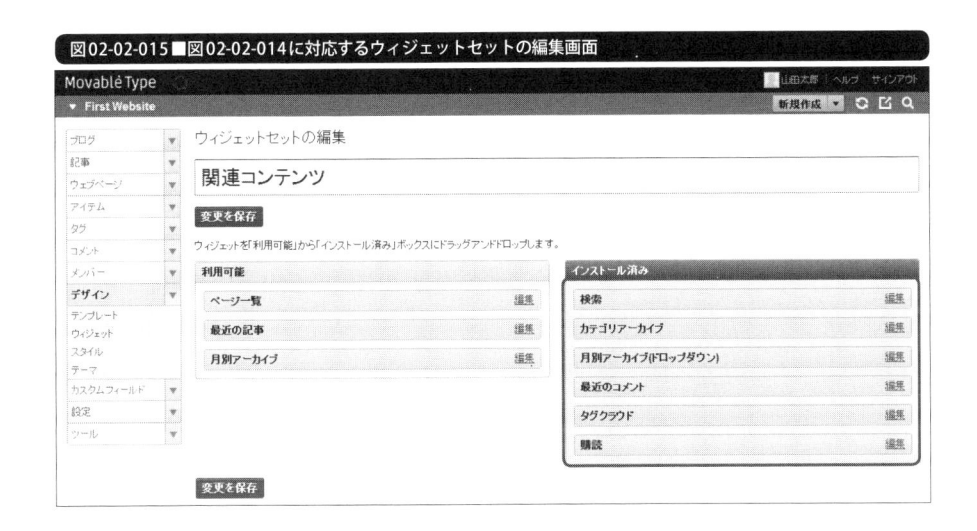

ウィジェットセットには、ブログで定義するブログ用と、ウェブサイトで定義するウェブサイト用、またシステム全体で利用できるグローバル用があります。

ウィジェットセットを編集するには、ウェブサイト等のサイドメニューで［デザイン→ウィジェット］を選び、ウィジェットセット一覧のページを開きます（図02-02-016）。

この画面でウィジェットセットの名前をクリックすると、ウィジェットセットに入れるウィジェットを選んだり、ウィジェットの並び順を変えたりする状態になります。

また、ウィジェットセット一覧のページで、［ウィジェットセットの作成］をクリックすると、ウィジェットセットを新規作成することもできます（図02-02-017）。

図02-02-016 ■ウィジェットセットの編集

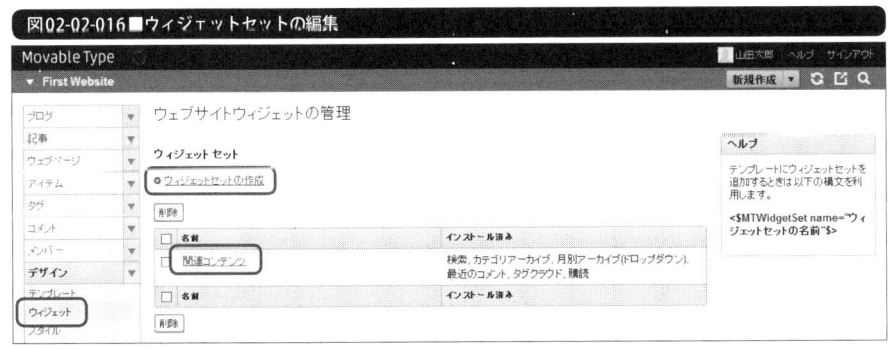

既存のウィジェットセットの名前をクリックすると、そのウィジェットセットを編集する状態になります。また、［ウィジェットセットの作成］をクリックすると、ウィジェットセットを新規作成する状態になります。

図02-02-017■ウィジェットセットの作成

ウィジェットセットのタイトルを入力し、左の［利用可能］にあるウィジェットを右の［インストール済み］にドラッグ＆ドロップします。ウィジェットセットを作り終わったら、［変更を保存］ボタンをクリックします。

ウィジェットセットで使用するウィジェット自体は、テンプレートモジュールと同じ作りです。しかし、ウィジェットセットで扱えるようにするために、ウィジェットテンプレートとして登録する必要があります。

図02-02-018■ウィジェットテンプレートの編集

サイドメニューで［デザイン→ウィジェット］を選ぶと、ウィジェットセットとウィジェットテンプレートの一覧のページが開きます。ウィジェットテンプレートの名前をクリックすると、そのウィジェットを編集することができます。また、「ウィジェットテンプレートの作成」のリンクをクリックして、ウィジェットテンプレートを新規作成することもできます。

02-03　テンプレートタグ（MTタグ）の基本

「テンプレートタグ」とは、MTのテンプレートの中で使える有効な独自のタグのことです。「MTタグ」と呼ぶこともあります。また、テンプレートタグを組み合わせた言語のことを、「MTML」（Movable Type Markup Language）と呼びます。

　テンプレートタグの主な役割は、データベースに保存したデータを取り出して、HTML等に出力することです。テンプレートが同じでも、データベースに保存されているデータによって、最終的に出力されるHTMLは変化します。
　テンプレートタグリファレンス（http://www.movabletype.jp/documentation/appendices/tags/）を参照すると、使用可能なテンプレートタグを閲覧できます。テンプレートタグは、MTのバージョンごとに対応が異なります。
　基本的に、新しいバージョンのテンプレートタグは、古いバージョンのテンプレートタグに対して上位互換になっています。Movable Type 6.0では、それより前のバージョンのテンプレートタグを使うことができます。ただし、一部のテンプレートタグは、バージョンによって動作が異なることもあります。

○ 02-03-01 ファンクションタグとブロックタグ

　テンプレートタグは、大きく分けてファンクションタグとブロックタグの2つに分けられます。
　ファンクションタグとは、それ単体で何らかの値を出力するテンプレートタグです。データベースにあるデータと1対1で置き換わるようにできています。例えば、<$mt:BlogName$>であれば、「ブログ名」として管理画面で設定したテキストが出力されます。
　一方のブロックタグは、ブロックの内部を繰り返したり、条件によってブロック内を出力するかどうかを変えるときに使います。ブロックタグの中に、ファンクションタグを入れたり、別のブロックタグを入れたりすることができます。
　例えば、<mt:Entries>～</mt:Entries>というブロックタグは、一連の記事を繰り返し出力する働きをします。このブロックの中では、記事の情報を出力する各種のファンクションタグや、記事関連のブロックタグを使うことができます。
　ファンクションタグ／ブロックタグともに多数ありますが、それらをすべて記憶しておく必要はありません。「どのような情報を出力するためには、どのようなテンプレートタグを使うのか？」ということを大まかに覚えておいて、必要に応じてリファレンスを参照すると良いです。

たとえば、英語版では記事のことを「entry」(エントリー)と呼ぶので、記事関連のテンプレートタグはMTEntry○○○のような名前になっています。

02-03-02 テンプレートタグの表記ルール

テンプレートタグには、以下の表記ルールがあります。

①テンプレートタグ名の先頭は、必ず「MT」が付きます。
②テンプレートタグ名は、大文字/小文字どちらで書いても構いません。また、大文字/小文字を混在させて書いても構いません。
③「MT」の後に「:」を入れても構いません(入れなくても良いです)。
④ファンクションタグでは、テンプレートタグ名の前後に「$」を入れても構いません(入れなくても良いです)。
⑤ファンクションタグは、タグ名の前後に「$」を付ける代わりに、最後を「/>」で閉じても構いません(「>」だけで閉じても良いです)。
⑥ブロックタグは、HTMLのタグと同様に開始タグと終了タグから構成され、「<テンプレートタグ名 >〜 </テンプレートタグ名>」のように書きます。

たとえば、「MTBlogName」というファンクションタグは、以下のどの書き方でも動作します。

①<MTBLOGNAME>
②<MTBlogName>
③<mt:BlogName>
④<$mt:BlogName$>
⑤<mt:BlogName />

ただ、テンプレートタグの表記方法は、統一しておいた方が良いでしょう。ちなみに、MTに標準で付属する「Rainier」のテーマでは、以下の表記方法で統一されています。

①先頭の「MT」は小文字で書き、その後に「:」を付けます。
②「MT」の後の部分は、単語の先頭文字を大文字にし、それ以外の文字を小文字にします。
③ファンクションタグでは、テンプレートタグ名の前後を「$」で囲みます。

たとえば、「MTBlogName」というファンクションタグは、「<$mt:BlogName$>」と書きます。また、「MTEntries」というブロックタグは、「<mt:Entries>〜</mt:Entries>」と書きます。

◯ 02-03-03 モディファイア

MTでは、HTMLタグの属性（アトリビュート）と似た仕組みとして、「モディファイア」があります。モディファイアには、テンプレートタグの動作をカスタマイズするものや、出力を変えるものなどがあります。

たとえば、MTEntriesタグには、「lastn」というモディファイアがあり、最新記事から何件を出力するかを指定することができます。以下のように書くと、最新記事から5件だけ出力することができます。

```
<mt:Entries lastn="5">〜</mt:Entries>
```

1つのテンプレートタグに対して、モディファイアを複数指定することもできます。例えば、以下のように書くと、最新記事から5件を取り出し、それを日付の古い順に並べ替えて出力することができます。

```
<mt:Entries lastn="5" sort_order="descend">〜</mt:Entries>
```

● グローバルモディファイア

モディファイアの中には、個々のテンプレートタグに独自のものと、すべてのテンプレートタグで共通に使えるものがあります。後者のモディファイアを総称して、「グローバルモディファイア」と呼びます。

たとえば、出力からHTMLを削除する「remove_html」や、空白を削除する「trim_to」といったグローバルモディファイアがあります。

テンプレートタグに独自なモディファイアの使い方は、個々のテンプレートタグのリファレンスのページで解説されています。一方、グローバルモディファイアの使い方は、「グローバルモディファイアリファレンス」（http://www.movabletype.jp/documentation/appendices/modifiers/）で調べることができます。

○ 02-03-04 コメント

テンプレートにコメントを書きたい場合、MTIgnoreというブロックタグを使います。HTMLのコメントと同様に、MTIgnoreタグのブロック内は無視され、結果のHTML等にも出力されません。

コード02-03-001■MTIgnoreタグの書き方

```
01  <mt:Ignore>
02  <h1>ここがコメントです </h1>
03  </mt:Ignore>
```

MTIgnoreタグは注釈として利用する以外に一時的にテンプレートタグやHTMLタグをオフにしたいときにも使用します。なお、MTIgnoreタグはブロックタグなので、入れ子にはできません。

Point 02-03-001■テンプレートタグの動作テスト

テンプレートタグの動作テストをしたいときは、HTMLとしてのコメントとして出力します。つまり、HTMLのコメントで"<!--　<テンプレートタグ>　-->"のようにします。

こうすると、MTによる処理結果は、HTMLのコメントとして出力されます。そのため、ブラウザのソースを見れば、現状のHTMLデザインを壊さずにMTのテンプレートタグの結果を確認できます。

○ 02-03-05 テンプレートタグの例

ごく簡単なテンプレートタグの例として、最新記事を5件出力するテンプレートを作ってみます。

図02-03-001■サンプルテンプレートの作成

ウェブサイト（またはブログ）でインデックステンプレートを新規作成します。テンプレート名の欄に「最新記事」と入力して、テンプレートの内容として、コード02-03-002を入力します。

図02-03-002

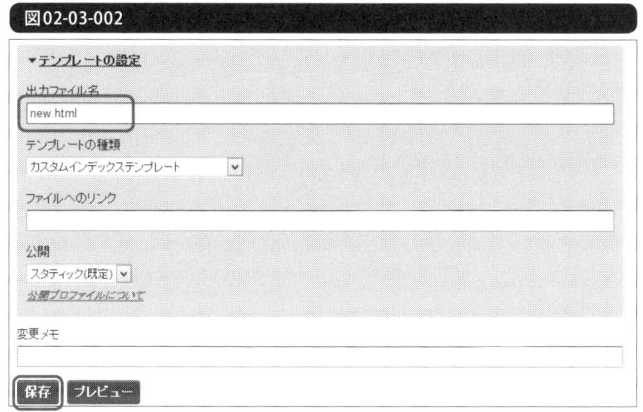

[出力ファイル名]の欄に「new.html」と入力します。そして、[保存]ボタンをクリックしてテンプレートを保存します。

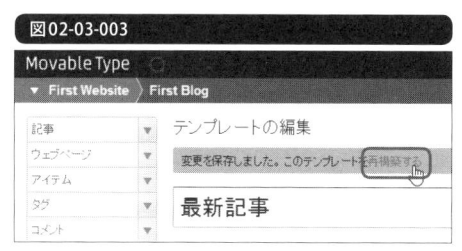

図02-03-003

「変更を保存しました。このテンプレートを再構築する」と表示されますので、「再構築する」のリンクをクリックします。

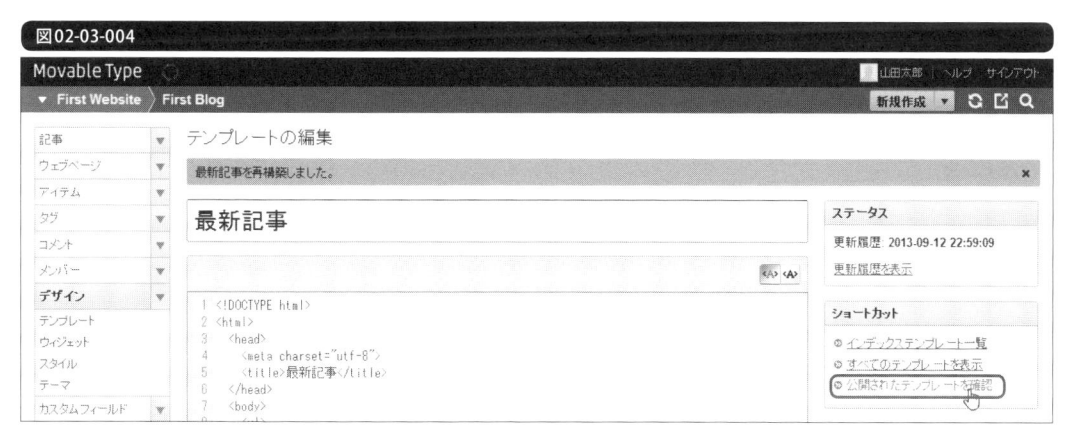

図02-03-004

再構築が終わったら、[公開されたテンプレートを確認]のリンクをクリックします。

コード02-03-002 ■最新記事を5件出力するテンプレート

```
01  <!DOCTYPE html>
02  <html>
03      <head>
04          <meta charset="utf-8">
05          <title>最新記事</title>
06      </head>
07      <body>
08          <ul>
09          <mt:Entries lastn="5">
10              <li><$mt:EntryTitle$></li>
11          </mt:Entries>
12          </ul>
13      </body>
14  </html>
```

このテンプレートのように、MTではHTMLの中に部分的にテンプレートタグを入れて、記事等の情報を出力するという仕組みを取ります。

9行目と11行目には、「MTEntries」というブロックタグがあります。MTEntriesタグは、記事を読み込んで、それらの記事を順に繰り返しながら、ブロック内を出力する働きをします。

「lastn="5"」のモディファイアを指定していますので、記事を5件読み込んで、順に処理していく形になります。また、標準では記事は日付の新しい順に出力されます。

そして、10行目には「MTEntryTitle」というファンクションタグがあります。MTEntryTitleタグは、個々の記事のタイトルを出力する働きをします。

結果として、コード02-03-002のテンプレートを再構築すると、コード02-03-003のような形のHTMLが出力されます。また、出力ファイル名を「new.html」にしましたので、コード02-03-003が「new.html」というファイル名で保存されます。

コード02-03-003 ■コード02-03-001の再構築結果

```
01  <!DOCTYPE html>
02  <html>
03      <head>
04          <meta charset="utf-8">
05          <title>最新記事</title>
06      </head>
07      <body>
08          <ul>
09              <li>最新記事のタイトル</li>
10              <li>最新から1つ前の記事のタイトル</li>
11              <li>最新から2つ前の記事のタイトル</li>
12              <li>最新から3つ前の記事のタイトル</li>
13              <li>最新から4つ前の記事のタイトル</li>
14          </ul>
15      </body>
16  </html>
```

○02-03-06 よく使うテンプレートタグ

Movable Typeのテンプレートタグは400種類以上ありますが、よく使うものはその中の一部です。主なテンプレートタグを紹介します。

なお、個々のテンプレートタグの詳しい使い方は、公式のテンプレートタグリファレンスを参照してください。

http://www.movabletype.jp/documentation/appendices/tags/

●ブログ／ウェブサイトの情報を出力

個々のブログの情報を出力するには、MTBlog系のテンプレートタグを使います。また、ウェブサイトの情報は、MTWebsite系のテンプレートタグで出力します（表02-03-001）。

ブログの中で、親のウェブサイトの情報を出力したいときも、MTWebsite系のテンプレートタグを使うことができます。

表02-03-001■ウェブサイト／ブログの情報を出力するテンプレートタグ

出力する情報	ウェブサイト	ブログ
ID	MTWebsiteID	MTBlogID
名前	MTWebsiteName	MTBlogName
概要	MTWebsiteDescription	MTBlogDecription
トップページのアドレス	MTWebsiteURL	MTBlogURL

●記事／ウェブページの情報を出力

ウェブサイト／ブログ内の個々の記事を出力するには、MTEntry系のテンプレートタグを使います（表02-03-002）。

記事アーカイブテンプレートでは、MTのシステムによって個々の記事の情報がセットされるため、MTEntry系のテンプレートタグを直接使うことができます。

一方、インデックステンプレートや記事以外のアーカイブテンプレートでは、MTEntriesタグで記事を読み込んで、その中でMTEntry系のテンプレートタグを使います。

インデックステンプレートの中でMTEntriesタグを使った場合、通常はウェブサイト／ブログ全体での最新記事が読み込まれます。一方、アーカイブテンプレートの中でMTEntriesタグを使った場合、個々のアーカイブに属する記事が読み込まれます。

たとえば、ウェブサイトのインデックステンプレートにコード02-03-004のような部分を入れた場合、ウェブサイトの最新記事のタイトルが出力され、個々の記事にリンクします（通常は最新10件）。

また、ウェブページの情報を出力するには、MTPage系のテンプレートタグを使います（表02-03-002）。ウェブペー

ジアーカイブテンプレート内では、MTPage系のテンプレートタグを直接に使うことができます。それ以外のテンプレートでは、MTPagesタグでウェブページを読み込み、その中でMTPage系のテンプレートタグを使います。

表02-03-002■記事／ウェブページの情報を出力するテンプレートタグ

出力する情報	記事	ウェブページ
ID	MTEntryID	MTPageID
タイトル	MTEntryTitle	MTPageTitle
著者	MTEntryAuthorDisplayName	MTPageAuthorDisplayName
公開日	MTEntryDate	MTPageDate
本文	MTEntryBody	MTPageBody
続き	MTEntryMore	MTPageMore
概要	MTEntryDescription	MTPageDecription
アドレス	MTEntryPermalink	MTPagePermalink
繰り返しの最初の記事／ウェブページの判断	MTEntriesHeader	MTPagesHeader
繰り返しの最後の記事／ウェブページの判断	MTEntriesFooter	MTPagesFooter
次の記事／ウェブページ	MTEntryNext	MTPageNext
前の記事／ウェブページ	MTEntryPrevious	MTPagePrevious
属するカテゴリ／フォルダ	MTEntryCategories	MTPageFolder
付けたタグ	MTEntryTags	MTPageTags
画像等	MTEntryAssets	MTPageAssets

コード02-03-004■ウェブサイトの最新記事10件を出力する

```
01  <ul>
02  <mt:Entries>
03    <li><a href="<$mt:EntryPermalink$>"><$mt:EntryTitle$></a></li>
04  </mt:Entries>
05  </ul>
```

●カテゴリ／フォルダの情報の出力

　カテゴリの情報を出力するには、MTCategory系のテンプレートタグを使います（表02-03-003）。

　ウェブサイト（またはブログ）のすべてのカテゴリを一覧で表示できるようにするには、通常はコード02-03-005のようなテンプレートを組みます。MTTopLevelCategoriesタグは、最上位の階層のカテゴリを読み込んで順に出力するテンプレートタグ（ブロックタグ）です。また、MTSubCatsRecurseタグは、カテゴリの階層を一段下って、MTTopLevelCategoriesタグのブロックの先頭から処理をやり直すテンプレートタグ（ファンクションタグです）。

　たとえば、カテゴリの一覧を順序なしリスト（ul／li要素）で出力する場合、コード02-03-006のようにテンプレートを組みます。

カテゴリアーカイブテンプレートの中でも、MTCategory系のテンプレートタグを使うことができます。この場合は、再構築中のカテゴリの情報が出力されます。

また、フォルダの情報を出力するには、MTFolder系のテンプレートタグを使います（表02-03-003）。

表02-03-003 ■カテゴリ／フォルダの情報を出力するテンプレートタグ

出力する情報	カテゴリ	フォルダ
ID	MTCategoryID	MTFolderID
名前	MTCategoryLabel	MTFolderLabel
概要	MTCategoryDescription	MTFolderDescription
アーカイブページのアドレス	MTCategoryArchiveLink	なし

コード02-03-005 ■ウェブサイト（ブログ）のすべてのカテゴリを出力する

```
01  <mt:TopLevelCategories>
02      <mt:SubCatsIsFirst>
03          最初のカテゴリの時に出力する内容
04      </mt:SubCatsIsFirst>
05      カテゴリの情報を出力
06      <$mt:SubCatsRecurse$>
07      <mt:SubCatsIsLast>
08          最後のカテゴリの時に出力する内容
09      </mt:SubCatsIsLast>
10  </mt:TopLevelCategories>
```

コード02-03-006 ■ウェブサイト（ブログ）のすべてのカテゴリを順序なしリストで出力する

```
01  <mt:TopLevelCategories>
02      <mt:SubCatsIsFirst><ul></mt:SubCatsIsFirst>
03      <li><a href="<$mt:CategoryArchiveLink$>"><$mt:CategoryLabel$></a>
04      <$mt:SubCatsRecurse$>
05      </li>
06      <mt:SubCatsIsLast></ul></mt:SubCatsIsLast>
07  </mt:TopLevelCategories>
```

●アイテムの情報の出力

アイテム（画像など）を出力するには、MTAsset系のテンプレートタグを使います（表02-03-004）。

MTAssetsタグのブロックの中で表02-03-004のテンプレートタグを使うと、ウェブサイト（またはブログ）全体のアイテムを読み込んで、順に出力することができます。

また、MTEntryAssetsタグのブロックの中で表02-03-004のテンプレートタグを使って、記事毎に追加したアイテムを出力することもできます。

表02-03-004 ■アイテムの情報を出力するテンプレートタグ

出力する情報	テンプレートタグ
ID	MTAssetID
名前	MTLabel
アドレス	MTAssetURL
サムネール画像のアドレス	MTAssetThumbnailURL

02-04 カスタムフィールドの利用

Movable TypeをCMSとして活用する際に、記事等に入力できる項目を増やしたいことは多いです。「カスタムフィールド」は、そのようなときに便利な機能です。

○ 02-04-01 カスタムフィールドとは

カスタムフィールドとは、ブログ記事やカテゴリーなどに独自の入力項目（フィールド）を追加できる機能です。

例えば、食品販売のサイトを作成していると想像してください。個々の食品は、記事として管理します。すると、在庫数や産地、内容量など、商品1個ずつに付随する情報は記事に最初からあるフィールドでは足りません。

このようなときに、カスタムフィールドを使用して、在庫数や産地、内容量などのフィールドを追加します。入力方法として使えるのは、単なるテキストだけでなく、ドロップダウンやチェックボックス、ラジオボタンと豊富です。カスタムフィールドは本格的にCMSとして利用するときに便利な機能です。

○ 02-04-02 カスタムフィールドの新規作成

カスタムフィールドは、システム／ウェブサイト／ブログに作成することができます。システムに作成すると、すべてのウェブサイトとすべてのブログで利用可能です。ウェブサイトで作成するとそのウェブサイトだけで、同様にブログで作成するとそのブログだけに追加されます。

ここではウェブサイトの記事に、テキスト型のカスタムフィールドを追加してみましょう（図02-04-001～図02-04-005）。

図02-04-001

ウェブサイトのサイドメニューで［カスタムフィールド→新規］をクリックします。

図02-04-002

［システムオブジェクト］のドロップダウンで「記事」を選択します。

図02-04-003

［名前］を入力します。この名前は、カスタムフィールドの入力欄の脇に表示されます。日本語も使用できます。

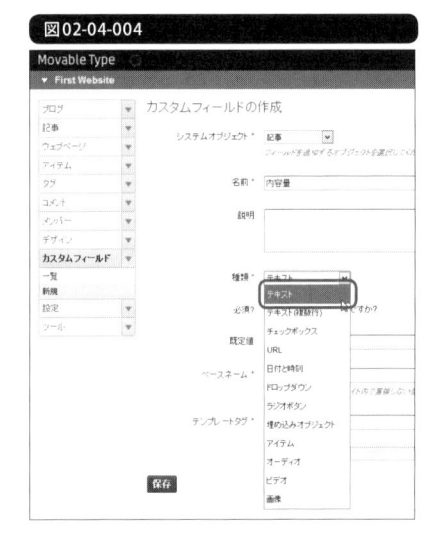

図02-04-004

［種類］をドロップダウンから選択します。ここでは「テキスト」を選択します。

図02-04-005

［ベースネーム］［テンプレートタグ］を入力して、［保存］ボタンをクリックします。ここは半角英字を使用します。［テンプレートタグ］は、標準のMTタグと重複しないような名前を付けます。先頭に特定の文字（「CF」や「EntryData」など）を付けると良いでしょう。

Point 02-04-001 ■カスタムフィールドの種類の変更について

カスタムフィールドを一度作成した後で、その種類を変更することはできません（MTの管理画面上では）。事前にカスタムフィールドの設計をよく検討して、変更が生じないようにします。

なお、どうしても種類を変更したい場合、手作業でSQLを入力する必要があります。詳しくは以下の各記事をご参照ください。

http://www.h-fj.com/blog/archives/2013/08/12-094603.php
http://www.h-fj.com/blog/archives/2013/08/13-104945.php
http://www.h-fj.com/blog/archives/2013/08/14-111120.php
http://www.h-fj.com/blog/archives/2013/08/15-102248.php
http://www.h-fj.com/blog/archives/2013/08/16-093553.php

● システムオブジェクトとは

　カスタムフィールドの作成の際に、「システムオブジェクト」を指定するドロップダウンがありました。システムオブジェクトとは、カスタムフィールドがどの情報（オブジェクト）に所属するかを示すものです。

　例えば「記事」を選択すると、そのカスタムフィールドは記事に追加され、記事の入力ページに入力フィールドが作成されます。また、テンプレートでそのカスタムフィールドの値を表示するは、記事系のテンプレートタグを使える箇所である必要があります（MTEntriesタグのブロック内や、「記事」アーカイブテンプレートなど）。

　カスタムフィールドを作成する場所が「システム」「ウェブサイト」「ブログ」のそれぞれで、選択可能なシステムオブジェクトは異なります（表02-04-001）。

表02-04-001■カスタムフィールドを追加できるシステムオブジェクト

	システム	ウェブサイト	ブログ
記事	○	○	○
ウェブページ	○	○	○
コメント	○	○	○
アイテム	○	○	○
オーディオ	○	○	○
ビデオ	○	○	○
画像	○	○	○
カテゴリ	○	○	○
フォルダ	○	○	○
テンプレート	○	○	○
ブログ	○	×	×
ウェブサイト	○	×	×
ユーザー	○	×	×

● カスタムフィールドの種類

　カスタムフィールドの種類は［テキスト］だけでなく［ドロップダウン］［チェックボックス］［ラジオボタン］［日付と時刻］などがあります。さらに［ドロップダウン］［ラジオボタン］［日付と時刻］を選択すると［オプション］といっ入力必須項目が出現します。

　［ドロップダウン］［ラジオボタン］では、アイテム名をカンマ区切りで記入すると、選択肢として表示されます（図02-04-006〜図02-04-009）。

　［日付と時刻］では、［オプション］に［表示項目］というドロップダウンが出現し、日付と時刻／日付だけ／時刻だけを入力するように設定することができます。記事等の入力場面では、日付はカレンダーで入力することができます。時刻の場合はテキストフィールドになります（図02-04-010、図02-04-011）。

図02-04-006 ■ [ドロップダウン]のオプション設定

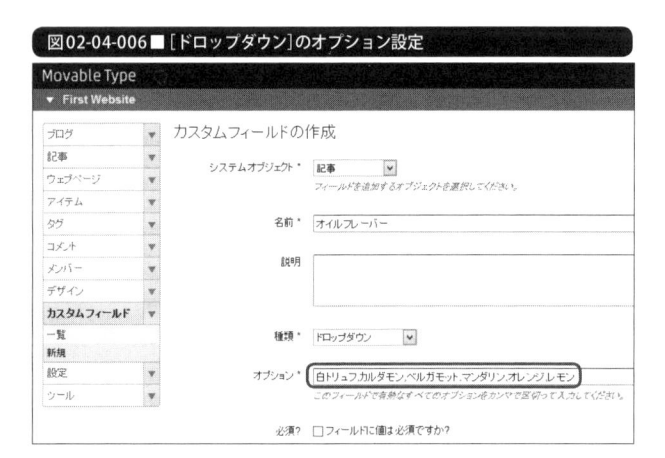

図02-04-007

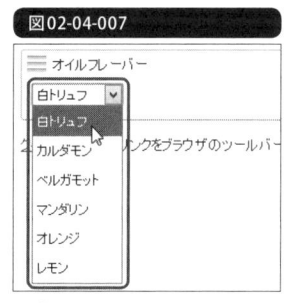

オプションで設定した項目が、ドロップダウンの選択肢として表示される。

図02-04-008 ■ [ラジオボタン]のオプション設定

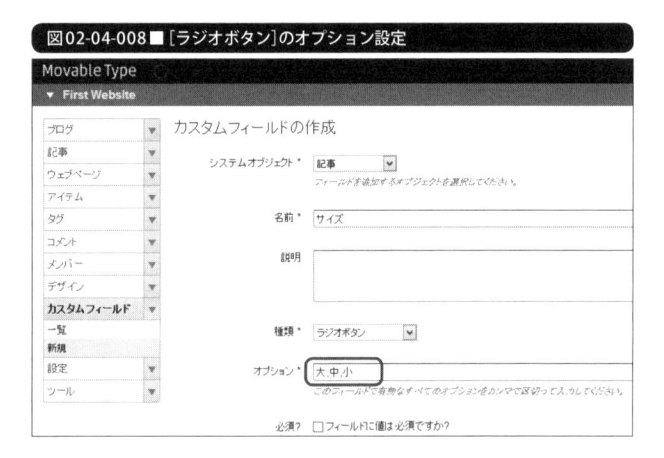

図02-04-009

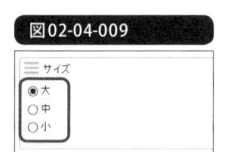

オプションで設定した項目が、ラジオボタンの選択肢として表示される。

図02-04-010

図02-04-011

日付はカレンダーで入力することができる。

[種類]で[日付と時刻]を選択したときの[オプション]の[表示項目]の設定。

- ベースネーム

半角英数字で名前を決めて入力します。システム／ウェブサイト／ブログ内で名前が重複しないように定義します。

- テンプレートタグ

カスタムフィールドのデータをテンプレートで出力する際には、テンプレートタグを使います。そのテンプレートタグの名前を自分で決めて入力します。

標準のテンプレートタグとの重複を避けるために、カスタムフィールドには先頭に常に「CF」などの接頭語を付けると良いでしょう。

すぐ下に表示される[テンプレートの例]をクリックすると、作成したカスタムフィールドの値を表示するためのテンプレートタグが例示されます。テンプレートタグなので、大文字小文字は設定したとしても使用時は無視されます。

○ 02-04-03 カスタムフィールドに値を入力する

カスタムフィールドに値を入力するには、作成先のシステムオブジェクトに応じた入力画面を開きます。例えば、記事にカスタムフィールドを追加した場合、記事の入力(編集)画面で、カスタムフィールドに値を入力します。

ただし、ブログ／ウェブサイトにカスタムフィールドを作成した場合は、サイドメニューの[設定→全般]を選んだ時のページで入力します。

記事／ウェブページでは、編集画面にある右上の[表示オプション]をクリックすると、カスタムフィールドの入力欄を表示するかどうかを選択することができます。チェックをオンにすると、そのカスタムフィールドの入力欄が表示されます。入力必須でないカスタムフィールドは、初期状態では表示されていません。

記事／ウェブページ以外では、[表示オプション]の機能はなく、追加したカスタムフィールドは入力画面に常に表示されます。

図02-04-012■表示オプション

[表示オプション]をクリックすると、カスタムフィールド(およびMT標準のフィールド)の一覧が表示されます。

図02-04-013

チェックをオンにすると、そのカスタムフィールドが入力画面に表示されます。フィールド名の左にある「三」のアイコンをドラッグして、カスタムフィールドの表示順序を入れ替えることもできます。

○ 02-04-04 カスタムフィールドの値を出力する

　カスタムフィールドに入力した値をHTMLに出力するには、テンプレートでカスタムフィールドのテンプレートタグを利用する必要があります。

　カスタムフィールドを作成すると、その画面の最下段の[テンプレートの例]に、カスタムフィールドの値を出力するための例文が表示されます。それをコピーし、テンプレートを編集する状態にして、カスタムフィールドの値を出力したい位置にペーストします。

　たとえば、「オイルフレーバー」のカスタムフィールドを作り、[テンプレートタグ]の欄に「CFOilFlaver」と入力したとします。この場合、カスタムフィールドの[テンプレートの例]の部分に、コード02-04-001のように表示されます。この例をコピーして、テンプレートに貼り付けます。

コード02-04-001 ■「オイルフレーバー」のカスタムフィールドの値を出力するテンプレートタグの例

```
01  <mt:If tag="CFOilFlavor">
02  オイルフレーバー：<mt:CFOilFlavor>
03  </mt:If>
```

図02-04-014 ■ [テンプレートの例]

[テンプレートの例]をクリックすると、テンプレートタグの例が表示されます。

カスタムフィールド「オイルフレーバー」を個々の記事のページに出力するために、「記事」のアーカイブテンプレートを修正してみましょう（図02-04-015〜図02-04-017）。

図02-04-015 ■「記事」アーカイブテンプレートの修正

「記事」アーカイブテンプレートを編集する状態にし、「MTEntryMore」のテンプレートタグを探します。このテンプレートタグは、記事の［続き］の欄に入力した内容を出力する働きをします。

図02-04-016

MTEntryMoreタグの後に、先ほどコピーしたテンプレートの例を貼り付けます。また、必要に応じてマークアップも行います。

図02-04-017

テンプレートの修正が終わったら、保存して再構築します。記事のページを開くと、カスタムフィールドに設定した値が表示されます。

02-04 カスタムフィールドの利用　095

02-05　変数を扱う

本格的なウェブサイトを作成する中で、条件によって出力を変えたりする場面は多いです。テンプレートの中でそのような複雑な処理をする際には、「変数」を使います。

○ 02-05-01 変数とは

MTを使って行いたいことは、効率良いテンプレート管理や、生産性の高いサイト構築です。その際に重要な役割を果たすのが「変数」です。

変数は、情報を記憶しておくための入れ物のことです。変数の使い道はいろいろあり、記憶した情報を後で出力したり、条件に応じて出力を変えたりする際に使います。

● 変数の基礎知識

変数を学ぶにあたり、まず基本的な用語を押さえておきましょう。

変数には「変数名」という名前を付けます。変数は複数使うことができますので、個々の変数を名前で区別します。

変数に入っている内容を、「値（あたい）」と呼びます。そして、変数に値を設定することを「代入」と呼びます。

変数に関する操作は、大きく分けて以下の3通りあります。

①変数に値を代入する
②変数の値を出力する
③変数の値によって処理を分ける

なお、変数名は自由に命名できますが、基本的には半角英数字で付けます。また、いくつかの単語を組み合わせた変数名にする場合、「_」（アンダースコアまたはアンダーバー）」を単語の区切りすることが多いです。「-」（マイナス）などの算術記号は誤動作の原因になるので使用を控えましょう。

◯ 02-05-02 変数に値を代入する

代入する値の違いにより、3つの方法があります。

● MTSetVarタグ

変数に固定の値を代入するときは、「MTSetVar」というテンプレートタグ（ファンクションタグ）を使って、以下のように書きます。

```
<$mt:SetVar name="変数名" value="値"$>
```

例えば、「X」という名前の変数に「あいう」という文字を代入したいとします。この場合は以下のように書きます。

```
<$mt:SetVar name="X" value="あいう"$>
```

なお、上の例では値を文字にしていますが、値には数字も使用できます。

● setvarモディファイア

テンプレートタグの出力を変数に代入したい場合は、「setvar」というモディファイアを使って以下のように書きます。

・ファンクションタグの場合
```
<テンプレートタグ名 setvar="変数名">
```
・ブロックタグの場合
```
<テンプレートタグ名 setvar="変数名">～</テンプレートタグ名>
```

たとえば、ブログ名（MTBlogNameタグ）を「blog_name」という変数に代入するには、以下のように書きます。

```
<$mt:BlogName setvar="blog_name"$>
```

● MTSetVarBlockタグ

テンプレートタグの値と文字等を組み合わせて変数に代入したい場合は、「MTSetVarBlock」というテンプレートタグ（ブロックタグ）を使います。このテンプレートタグは、ブロック内の処理結果を変数に代入する働きをします。

```
<mt:SetVarBlock name="変数名">文字やテンプレートタグなど</mt:SetVarBlock>
```

たとえば、変数blog_nameに、「ブログ名は○○です」のような文字を代入するには、以下のように書きます。

```
<mt:SetVarBlock name="blog_name">ブログ名は<$mt:BlogName$>です</mt:SetVarBlock>
```

> **Point 02-05-001 ■ MTSetVarBlockタグと改行の問題**
>
> MTSetVarBlockタグのブロックの中に改行を入れると、その改行も変数に代入されます。条件によって処理を分ける場合に、このことがトラブルの元になることがあります。
> MTSetVarBlockタグ内のブロックが短ければ、改行を入れずに1行に書くようにします。また、ブロック内が長くて、改行を入れないと読みづらい場合は、コード02-05-001のように「strip_linefeeds」というモディファイアを使うと、変数に代入する値から改行を取り除くことができます。
> なお、変数に代入する値に意図的に改行を入れたいなら、一般のテンプレートと同様に、改行を入れたままにしておいても良いです。
>
> **コード02-05-001 ■ strip_linefeedsモディファイアで変数に代入する値から改行を取り除く**
>
> ```
> 01  <mt:SetVarBlock name="変数名">
> 02  文字やテンプレートタグなど
> 03  </mt:SetVarBlock>
> 04  <$mt:GetVar name="変数名" strip_linefeeds="1" setvar="変数名"$>
> ```

○ 02-05-03 変数の値を出力する

変数の値を出力するには以下のように書きます。

```
<$mt:GetVar name="変数名"$>
```

たとえば、変数Xの値を出力するには、以下のように書きます。

```
<$mt:GetVar name="X"$>
```

○ 02-05-04 変数の値によって処理を分ける

変数の使い方の中で、「変数の値によって処理を分ける」ということは非常に多く、かつ重要です。この処理は、「MTIf」というテンプレートタグ（ブロックタグ）で行います。

Ifとは「もし～ならば」という意味です。たとえば「もし変数Xが文字『A』と等しいならば」や、「もし変数Xが文字『B』ではないなら」というように、変数の値を調べたいときに利用します。

MTIfタグで「変数Xが文字『A』と等しいか」ということを表すと、コード02-05-002のようになります。「eq="A"」が「文字『A』に等しい」ということを意味します。「○○と等しい」など、処理を分ける際の判断方法のことを、「条件」と呼びます。

コード02-05-002■MTIfタグの基本的な書き方

```
01  <mt:If name="X" eq="A">
02      変数Xの値が『A』の時に出力する内容
03  </mt:If>
```

MTIfタグはブロックタグで、nameモディファイアとeq等のモディファイアで指定した条件が成立したときだけ、ブロックの中が実行されます。条件が成立していないときは、ブロックタグの中は無視されます。条件によって二択をするので、条件分岐と呼んでいます。

条件によって処理を分けるテンプレートタグには、MTIf／MTUnless／MTElse／MTElseIfなどがあります。

● MTIfタグ

MTIfタグは、「変数の値が○○に等しい」などの条件を判断する際に使います。変数名をnameモディファイアで指定し、さらに比較方法もモディファイアで表現します。比較方法をあらわすモディファイアは7種類あります（表02-05-001）。たとえば、変数Xの値が10以上の時だけ何かを出力したい場合は、コード02-05-003のように書きます（図02-05-001）。

表02-05-001■比較方法を表すモディファイア

モディファイア	内容
eq="○○"	○○に等しい
ne="○○"	○○に等しくない
gt="○○"	○○より大きい
lt="○○"	○○より小さい
ge="○○"	○○以上
le="○○"	○○以下
like="○○"	○○を含む

コード02-05-003■変数Xの値が10以上の時だけ何かを出力する

```
01  <mt:If name="X" ge="10">
02      変数Xの値が10以上の時の出力
03  </mt:If>
```

図02-05-001■コード02-05-003の動作

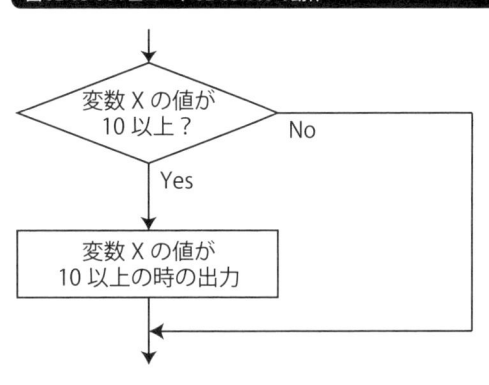

●MTUnlessタグ

　条件が成立したときではなく、条件が成立しなかったときに、何かを出力したい場合もあります。この場合は、「MTUnless」というブロックタグを使います。書き方はMTIfタグと同じで、変数名と比較方法をモディファイアで指定します。

　たとえば、変数Xの値に「りんご」を含まないときだけ何かを出力したい場合は、コード02-05-004のように書きます。

コード02-05-004■変数Xの値に「りんご」を含まないときだけ何かを出力する

```
01  <mt:Unless name="X" like="りんご">
02      出力する内容
03  </mt:Unless>
```

●MTElseタグ

　条件が成立したときとそうでないときとで別々の出力を得たい場合には、MTIfタグやMTUnlessタグのブロックの中で、「MTElse」というタグを使います（コード02-05-005）。

　たとえば、コード02-05-006のように書いた場合、変数Xの値が10以上なら「10以上です」と出力し、そうでなければ「10未満です」と出力します（図02-05-004）。

コード02-05-005■MTIfタグとMTElseタグを組み合わせる

```
01  <mt:If name="変数名" モディファイア="比較する値">
02      条件が成立したときに出力する内容
03  <mt:Else>
04      条件が成立しなかったときに出力する内容
05  </mt:If>
```

コード02-05-006■変数Xの値が10以上かそうでないかで出力を分ける

```
01  <mt:If name="X" ge="10">
02      10以上です
03  <mt:Else>
04      10未満です
05  </mt:If>
```

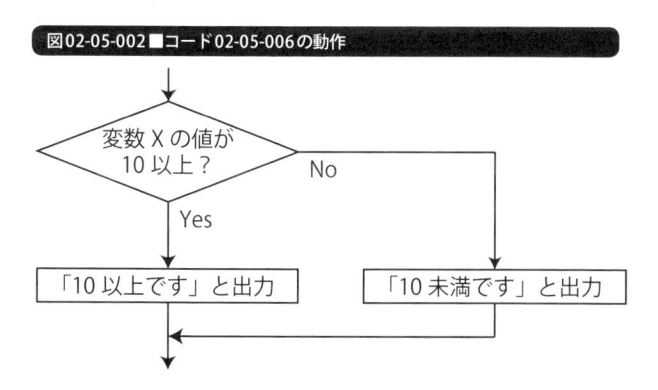

図02-05-002■コード02-05-006の動作

```
         ┌──────────┐
         │変数Xの値が│
         │ 10以上?  │────No────┐
         └─────┬────┘          │
              Yes              │
               ▼               ▼
       ┌─────────────┐  ┌─────────────┐
       │「10以上です」│  │「10未満です」│
       │  と出力     │  │  と出力     │
       └──────┬──────┘  └──────┬──────┘
              │                │
              ◀────────────────┘
              ▼
```

● MTElseIfタグ

複数の条件を次々に判断して、それぞれで出力を分けたいこともあります。この場合は、MTIfタグのブロックの中で「MTElseIf」というテンプレートタグを使います。

図02-05-003のように条件を判断して処理を分けるには、コード02-05-007のように書きます。「条件1」「条件2」等は、MTIfタグと同様に、実際には「name="変数名" モディファイア="比較する値"」のように書きます。

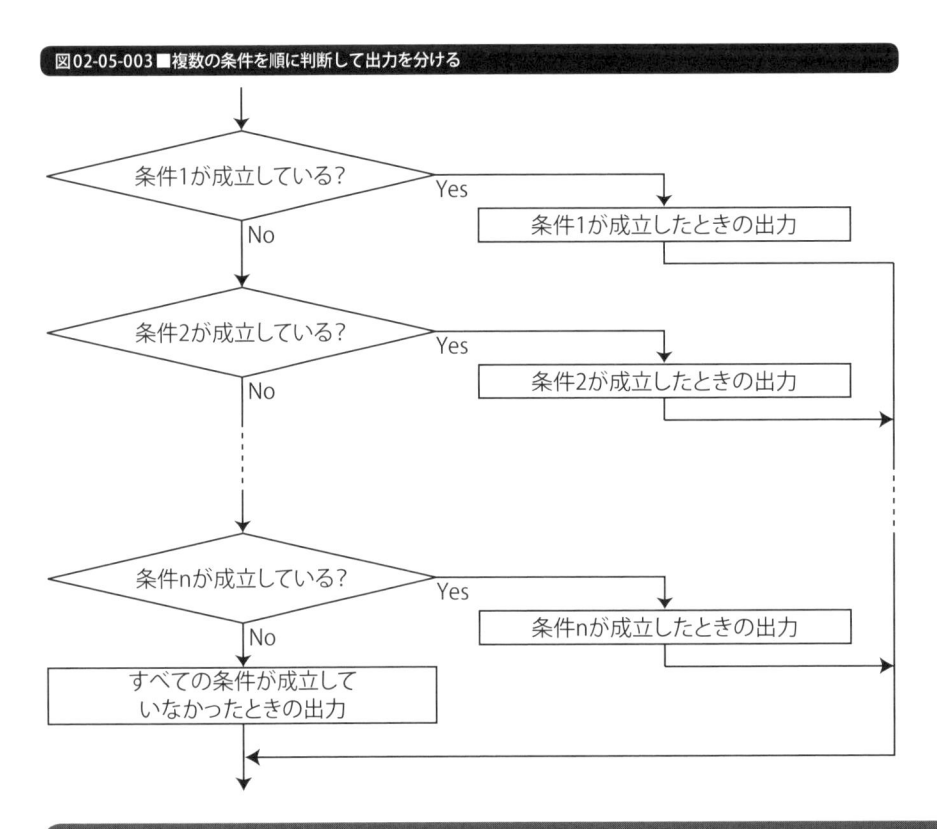

図02-05-003■複数の条件を順に判断して出力を分ける

(フローチャート:
条件1が成立している? → Yes → 条件1が成立したときの出力
  ↓ No
条件2が成立している? → Yes → 条件2が成立したときの出力
  ↓ No
  …
条件nが成立している? → Yes → 条件nが成立したときの出力
  ↓ No
すべての条件が成立していなかったときの出力)

コード02-05-007■図02-05-003をテンプレートタグで表す

```
01  <mt:If 条件1>
02      条件1が成立したときの出力
03  <mt:ElseIf 条件2>
04      条件2が成立したときの出力
05  ・・・
06  <mt:ElseIf 条件n>
07      条件nが成立したときの出力
08  <mt:Else>
09      すべての条件が成立していなかったときの出力
10  </mt:If>
```

たとえば、変数Xの値が「A」／「B」／「C」／それ以外の4通りあって、それぞれで出力を分ける場合、コード02-05-008のように書きます。

コード02-05-008 ■変数Xの値が「A」/「B」/「C」/それ以外の4通りある時に出力を分ける

```
01 <mt:If name="X" eq="A">
02     変数Xの値が「A」の時に出力する内容
03 <mt:ElseIf name="X" eq="B">
04     変数Xの値が「B」の時に出力する内容
05 <mt:ElseIf name="X" eq="C">
06     変数Xの値が「C」の時に出力する内容
07 <mt:Else>
08     変数Xの値が「A」「B」「C」以外の時に出力する内容
09 </mt:If>
```

○02-05-05 予約変数

MTの内部で自動的に定義される変数があります。そのような変数を総称して、「予約変数」と呼びます。

予約変数の中には、テンプレートの種類や、アーカイブの種類に応じて設定されるものがあります。このような予約変数をMTIfタグで使って、テンプレートやアーカイブの種類を判断し、出力を分けることができます。

ただし、予約変数に値を代入すると、値が上書きされてしまいます。そのようなことをしないように注意する必要があります。

インデックステンプレートでは、[テンプレートの設定]部分の[テンプレートの種類]欄でカッコ内に表示される値が、予約変数として設定されます。例えば、メインページのインデックステンプレートでは、「main_index」という予約変数が設定されます。

また、アーカイブテンプレートやシステムテンプレートでは、MTの内部で予約変数が設定されます。次ページの表に、予約変数の一覧を示します。縦が変数名、横が各テンプレートの種類で、交差するセルの内容は変数の値を示します。

なお、予約変数を利用してテンプレートの出力を分ける例は、後のP.118で紹介します。

図02-05-004 ■インデックステンプレートの予約変数

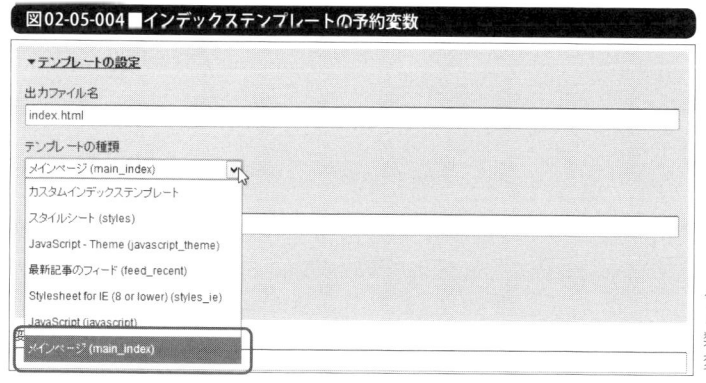

インデックステンプレートでは、[テンプレートの設定]部分の[テンプレートの種類]欄でカッコ内に表示される値が、予約変数として設定されます。

表02-05-002■アーカイブテンプレートの予約変数

archive_class \ アーカイブテンプレートの種類	ブログ記事 (entry-archive)	ウェブページ (page-archive)	日別 (datebased-daily-archive)	週別 (datebased-weekly-archive)	月別 (datebased-monthly-archive)	年別 (datebased-yearly-archive)	ユーザー別 (author-archive)	ユーザー日別 (author-daily-archive)	ユーザー週別 (author-weekly-archive)	ユーザー月別 (author-monthly-archive)	ユーザー年別 (author-yearly-archive)	カテゴリ別 (category-archive)	カテゴリ日別 (category-daily-archive)	カテゴリ週別 (category-weekly-archive)	カテゴリ月別 (category-monthly-archive)	カテゴリ年別 (category-yearly-archive)
archive_template	1	1	1	1	1	1	1	1	1	1	1	1	1	1	1	1
archive_listing			1	1	1	1	1	1	1	1	1	1	1	1	1	1
entry_template	1															
entry_archive	1															
page_archive		1														
page_template		1														
feedback_template	1	1														
datebased_only_archive			1	1	1	1										
datebased_daily_archive			1													
datebased_weekly_archive				1												
datebased_monthly_archive					1											
datebased_yearly_archive						1										
author_archive							1									
author_daily_archive								1								
author_weekly_archive									1							
author_monthly_archive										1						
author_yearly_archive											1					
category_archive												1				
category_daily_archive													1			
category_weekly_archive														1		
category_monthly_archive															1	
category_yearly_archive																1
module_yearly_archives						1										
module_category_archives												1				
module_author-monthly_archives							1			1						
module_category-monthly_archives															1	

表02-05-003■システムテンプレートの予約変数

予約変数名 \ システムテンプレートの種類	コメント完了	コメントプレビュー	ダイナミックパブリッシングエラー	ポップアップ画像	検索結果
body_class	"mt-comment-confirmation(コメント投稿完了),mt-comment-pending(コメント保留),mt-comment-error(コメントエラー)"	mt-comment-preview	mt-dynamic-error		mt-search-results
system_template	1	1	1		1
comment_response_template	1				
comment_preview_template		1			
dynamic_error_template			1		
popup_image				1	
search_results					1

表02-05-004■レイアウトの予約変数

予約変数名 \ レイアウトの種類	2カラム	3カラム	大・小・小	小・大・小	大・小	小・大
page_columns	2	3				
page_layout			wtt	twt	wt	tw

○ 02-05-06 変数同士を比較する

変数を値と比較するだけでなく、ある変数を別の変数と比較したい場合もあります。この場合、eq等のモディファイアで比較する値を指定する際に、「モディファイア="$変数名"」のような書き方をします。

たとえば、変数Xの値と変数Yの値が等しいときに何かを出力したい場合は、コード02-05-009のような書き方をします。

なお、「$変数名」という書き方は、MTIfタグの中だけでなく、一般のモディファイアに変数の値を指定したいときにも使うことができます。

コード02-05-009■変数Xの値と変数Yの値が等しいときに何かを出力する

```
01  <mt:If name="X" eq="$Y">
02      変数Xの値と変数Yの値が等しいときに出力する内容
03  </mt:If>
```

◯ 02-05-07 繰り返し処理と変数

一般的な繰り返し（ループ）処理を実行するときには、変数と「MTFor」というブロックタグを使います（コード02-05-010、図02-05-005）。

MTForタグは、変数の値を初期値から終了値まで変化させながら、処理を繰り返す働きをします。繰り返しが1回終わるごとに、「増分」に指定した値だけ、変数の値が増加します。

たとえば、コード02-05-011のように書くと、変数Xの値が0、2、4、6、8、10と2ずつ増えながら、繰り返しが行われます。

コード02-05-010 ■ MTForタグの書き方

```
01  <mt:For var="変数名" from="初期値" to="終了値" increment="増分">
02      繰り返す処理
03  </mt:For>
```

図02-05-005 ■ MTForタグの動作

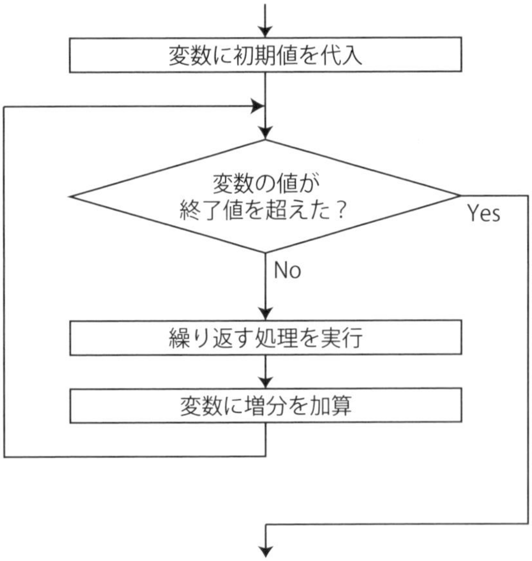

```
         ↓
  ┌─────────────────┐
  │ 変数に初期値を代入 │
  └─────────────────┘
         ↓
      ◇ 変数の値が
        終了値を超えた？ ── Yes →
         │ No
         ↓
  ┌─────────────────┐
  │ 繰り返す処理を実行 │
  ├─────────────────┤
  │ 変数に増分を加算   │
  └─────────────────┘
         ↓
```

コード02-05-011■MTForタグの書き方の例

```
01  <mt:For var="X" from="0" to="10" increment="2">
02      繰り返したい処理
03  </mt:For>
```

　MTForタグをはじめとして、MTEntriesなどの繰り返し処理を行う多くのブロックタグの中で、表02-05-005の予約変数を使うことができます（各変数の前後にある「__」は、アンダースコア2回）。コード02-05-012をテンプレートに入力して再構築すると、表02-05-005の各変数の動作を調べることができます。

表02-05-005■繰り返しを行うブロックタグ内で有効な変数

変数名	値
__first__	繰り返しの初回では1、それ以外は値なし
__last__	繰り返しの最終回では1、それ以外は値なし
__odd__	繰り返しの奇数回目では1、それ以外では値なし
__even__	繰り返しの偶数回目では1、それ以外では値なし
__counter__	現在の繰り返し回数

コード02-05-012■ブロックタグ内で有効な変数の動作を調べる

```
01  <mt:For var="hensu" from="10" to="100" increment="10">
02  <p>
03  最初 __first__ = <$mt:GetVar name="__first__"$> <br />
04  最後 __last__ = <$mt:GetVar name="__last__"$> <br />
05  奇数 __odd__ = <$mt:GetVar name="__odd__"$> <br />
06  偶数 __even__ = <$mt:GetVar name="__even__"$> <br />
07  繰り返し回数 __counter__ = <$mt:GetVar name="__counter__"$>
08  </p>
09  </mt:For>
```

○02-05-08 変数で簡単な計算をする

MTSetVar／MTGetVar／MTIfなどのテンプレートタグで、表02-05-006のopモディファイアを使うと簡単な計算をすることができます。例えば、変数Xの値を5増やすには、以下のように書きます。

```
<mt:SetVar name="X" value="5" op="+">
```

「1増やす」と「1減らす」の計算では、valueモディファイアは指定しません。それ以外のモディファイアでは、valueモディファイアで計算対象の値を指定します。

コード02-05-013は、1から100までの合計（1+2+3+....+98+99+100）を求める例です。MTForタグを使って変数addの値を1から100まで順に変化させ、その値を変数addに順に足していきます。テンプレートを再構築すると、変数ansには5050という数字が入ります。

表02-05-006 ■計算を行うモディファイア

モディファイア	計算
op="+"またはop="add"	足し算
op="-"またはop="sub"	引き算
op="*"またはop="mul"	掛け算
op="/"またはop="div"	割り算
op="%"またはop="mod"	余り
op="++"またはop="inc"	1増やす
op="--"またはop="dec"	1減らす

コード02-05-013 ■1から100までの合計を求める

```
01  <$mt:SetVar name="ans" value="0"$>
02  <mt:For var="add" from="1" to="100">
03      <$mt:SetVar name="ans" value="$add" op="+"$>
04  </mt:For>
05  <$mt:GetVar name="ans"$>
```

02-06 テンプレートカスタマイズのテクニック

Movable Typeでテンプレートを作るときに、「よくあるテクニック」がいろいろあります。この節ではその中から主なものを取り上げて紹介します。

○ 02-06-01 テンプレートタグのテスト方法

テンプレートタグの動作を調べたいこともあります。このようなときには、テスト用にインデックステンプレートを利用すると便利です。インデックステンプレートでは、大抵のテンプレートタグをテストすることができます。また、プレビューの機能がありますので、テンプレートタグの出力結果を手軽に確認できます。テストが終わったら、データを消して、出力ファイルも消してください。

図02-06-001■テンプレートタグのテスト

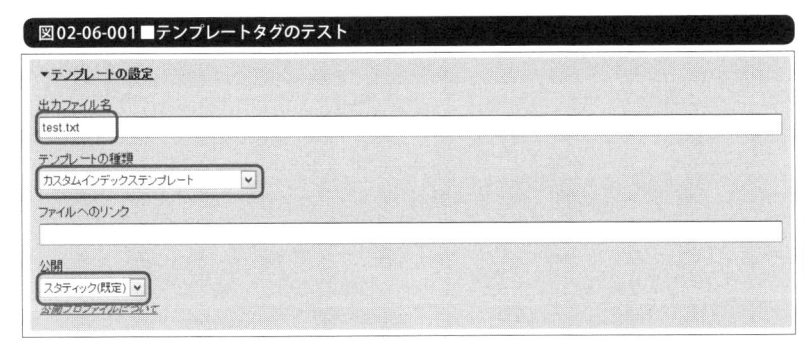

ウェブサイトまたはブログに、新規インデックステンプレートを作成します。テンプレートの設定では［出力ファイル名］を「text.txt」、［テンプレートの種類］を「カスタムインデックステンプレート」、［公開］を「スタティック（既定）」とします。

図02-06-002

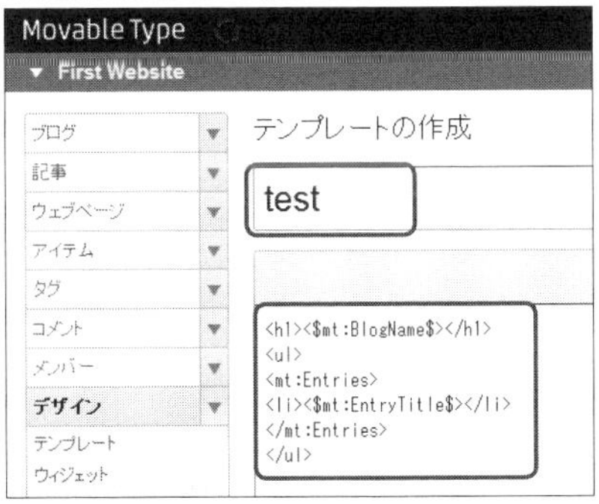

テンプレート名の欄に「test」と入力し、テンプレートの内容としてテストしたいコードを記述して、［プレビュー］をクリックします。例として、テンプレートにコード02-06-001を入力してみます。

図02-06-003

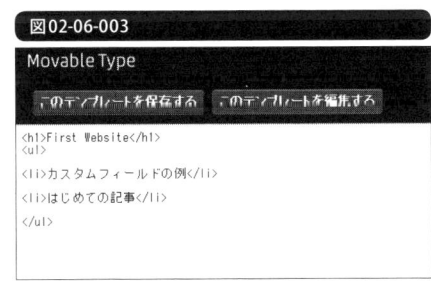

テンプレートのプレビューが表示されます。

コード02-06-001■テストするテンプレートの例

```
01  <h1><$mt:BlogName$></h1>
02  <ul>
03  <mt:Entries>
04  <li><$mt:EntryTitle$></li>
05  </mt:Entries>
06  </ul>
```

○ 02-06-02 グローバルナビゲーションを作る

　MTである程度の規模のサイトを作る場合、ウェブサイトの配下にブログを複数設置し、グローバルナビゲーションから個々のブログのトップページにリンクすることがよくあります（図02-06-004）。

図02-06-004■グローバルナビゲーション

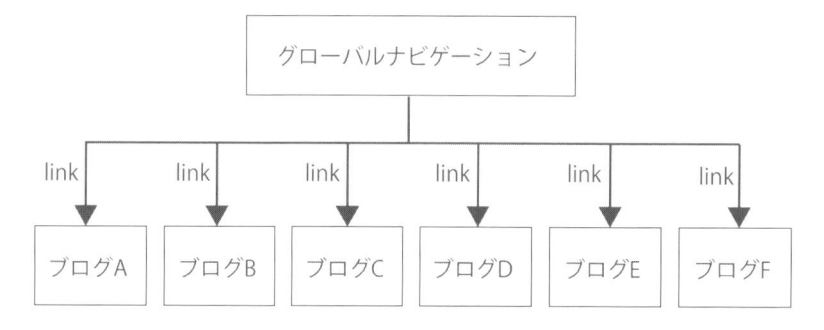

```
              グローバルナビゲーション
     ┌──────┬──────┬──────┼──────┬──────┬──────┐
    link   link   link   link   link   link
     ↓      ↓      ↓      ↓      ↓      ↓
  ┌─────┐┌─────┐┌─────┐┌─────┐┌─────┐┌─────┐
  │ブログA││ブログB││ブログC││ブログD││ブログE││ブログF│
  └─────┘└─────┘└─────┘└─────┘└─────┘└─────┘
```

グローバルナビゲーションは個々のブログのトップページにリンクします。

　このグローバルナビゲーションを、以下の仕様で作ってみます。

①ウェブサイトおよび配下の各ブログにグローバルナビゲーションを設置します。
②HTMLでは順序なしリスト（ul／li要素）で表現します。
③現在表示されているページが自ブログのときは、li要素に「class="current"」のclass属性を指定し、他のli要素と異なる表示にします（図02-06-005）。例えば、「First Blog」ブログ内のページでは、First Blogのli要素を次のように出力します。

```
<li class="current"><a href="First Blogのトップページのアドレス">First Blog</a></li>
```

④グローバルナビゲーションのテンプレートモジュールは、共通化して1箇所で定義します。

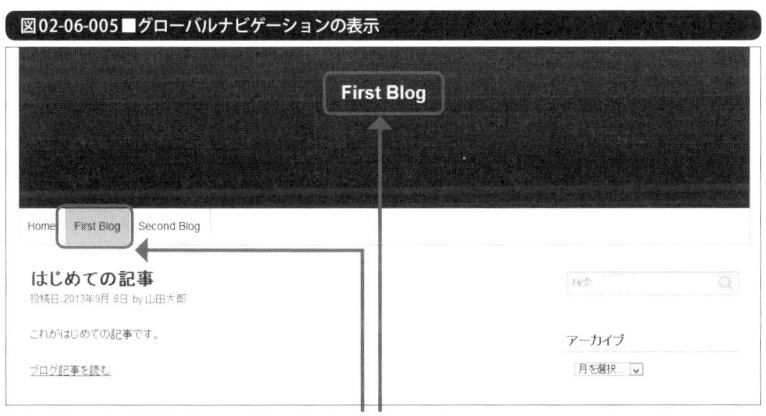

図02-06-005■グローバルナビゲーションの表示

「First Blog」ブログ内のページでは、グローバルナビゲーションの「First Blog」に「class="current"」のclass属性を指定して、他のli要素と異なる表示にする

「First Blog」内のページでは、グローバルナビゲーションの「First Blog」の表示を変える

● グローバルナビゲーションのテンプレートモジュールを共通化する

この場合、以下のような作り方をすることが多いです。

①ウェブサイトにグローバルナビゲーション用のテンプレートモジュールを作り、配下のブログの情報を順に出力するようにテンプレートを組みます。
②ウェブサイトおよびブログの各ページを出力するテンプレートに、①のテンプレートモジュールを組み込みます。

MT 6.0に標準で付属している「Rainier」というテーマには、「Navigation」というテンプレートモジュールがあり、このテンプレートモジュールによってグローバルナビゲーションを出力しています。

そこで、ウェブサイトの「Navigation」テンプレートモジュールを書き換えて、前述した仕様を満たすようにします。実際にテンプレートモジュールを書き換えると、コード02-06-002のようになります（図02-06-006）。

コード02-06-002■「Navigation」テンプレートモジュールの内容

```
01  <nav role="navigation">
02    <ul>
03      <li><a href="<$mt:WebsiteURL$>">Home</a></li>
04    <$mt:BlogID setvar="blog_id"$>
05    <mt:Blogs include_blogs="children">
06      <mt:If tag="BlogID" eq="$blog_id">
07        <li class="current"><a href="<$mt:BlogURL$>"><$mt:BlogName$></a></li>
08      <mt:Else>
09        <li><a href="<$mt:BlogURL$>"><$mt:BlogName$></a></li>
10      </mt:If>
11    </mt:Blogs>
12    </ul>
13  </nav>
```

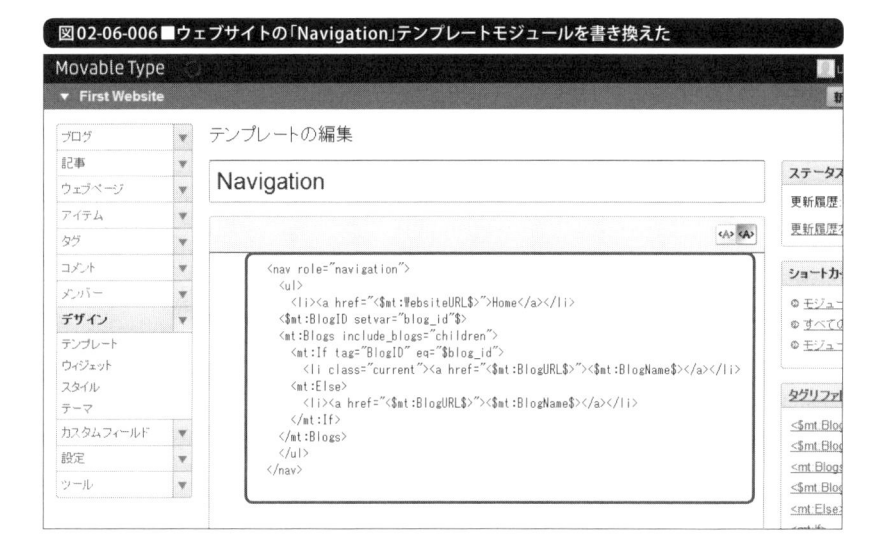

図02-06-006■ウェブサイトの「Navigation」テンプレートモジュールを書き換えた

コード02-06-002の内容は、以下の通りです。

①3行目

「Home」のli要素を出力し、「Home」の文字をウェブサイトのトップページにリンクします。「MTWebsiteURL」は、ウェブサイトのトップページのアドレスを表すテンプレートタグ（ファンクションタグ）です。

②4行目

出力中のブログのIDを、変数blog_idに代入します。

③5行目／11行目

ウェブサイトの配下のブログを順に繰り返します。MTBlogsタグは、ブログを順に読み込んで処理するテンプ

レートタグ（ブロックタグ）です。また、「include_blogs="children"」のモディファイアは、ウェブサイトの配下のブログをすべて読み込むことを意味します。

④6行目／10行目

MTBlogsタグで読み込まれた個々のブログのIDと、出力中のブログのIDを比較して、両者が一致しているかどうかで出力を分けます。

MTIfタグの「tag="BlogID"」というモディファイアは、MTBlogIDタグの値を条件判断に使うことを意味します。この例のように、「tag="テンプレートタグ名(先頭のMTを除く)"」のような書き方をすることで、テンプレートタグの値を他の値と比較することができます。

また、「eq="$blog_id"」として比較していますので、MTBlogIDタグの値と、変数 blog_idの値が等しい（＝MTBlogsタグで読み込まれた個々のブログのIDと、出力中のブログのIDが等しい）という条件判断を行うことになります。

⑤7行目

6行目のMTIfタグの条件が成立した場合は、「class="current"」のclass属性がついたli要素を出力します。li要素の内容として、ブログの名前を出力し（MTBlogNameタグ）、そのブログのトップページにリンクします（MTBlogURLタグ）。

⑥8／9行目

6行目のMTIfタグの条件が成立しない場合は、class属性のないli要素を出力し、個々のブログにリンクします。

● ブログのテンプレートにウェブサイトのテンプレートモジュールを組み込む

次に、ウェブサイト配下の各ブログで、グローバルナビゲーション部分を書き換えて、ウェブサイトのテンプレートモジュールを組み込むようにします。

MT 6.0に標準で付属している「Rainier」というテーマの場合、グローバルナビゲーションは、「Navigation」というテンプレートで出力されます。このテンプレートモジュールの内容を、以下のように書き換えます（図02-06-007）。

```
<$mt:Include module="Navigation" parent="1"$>
```

MTIncludeタグは、「module="テンプレートモジュール名"」で指定したテンプレートモジュールを、この位置に組み込むテンプレートタグ（ファンクションタグ）です。

通常は、テンプレートモジュールはそのブログ（またはウェブサイト）から検索されます。しかし、「parent="1"」のモディファイアを付加すると、ブログの親のウェブサイトのテンプレートモジュールを組み込むことができます。

図02-06-007■ブログの「Navigation」テンプレートモジュールを書き換えた

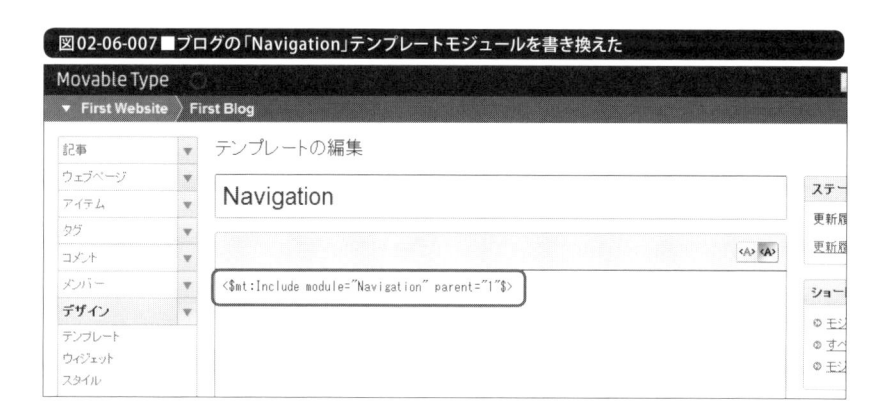

○ 02-06-03 ウェブサイトをポータル化する

　ウェブサイトの配下にブログを作る場合、ブログで記事を更新したときに、親のウェブサイトのトップページを自動的に再構築したい場合が多いです。

　このように、「ブログが更新されたら、親のウェブサイトのトップページも更新する」というような処理を行うには、「MultiBlog」というプラグインを利用します。ここでは MultiBlog プラグインの設定方法を紹介します。

図02-06-008

自動的に再構築したいウェブサイトで、サイドメニューの［ツール→プラグイン］を選択します。

図02-06-009

「プラグイン」のリストから「MultiBlog」を選択し、クリックします。

図02-06-010

「MultiBlog」の［設定］をクリックします。

図02-06-011

［再構築トリガーを作成］をクリックします。

図02-06-012

［ウェブサイト内のすべてのブログ］を選択し、トリガーでは［ブログ記事とウェブページの保存時］［インデックスを再構築］を選びます。設定が終わったら［OK］をクリックします。

図02-06-013

プラグイン設定のページに戻りますので、[変更を保存]ボタンをクリックします。

Point 02-06-001 ■インデックステンプレートを再構築しないよう設定していた場合

誤操作防止のために、ウェブサイトのインデックステンプレートを再構築しないように設定した場合は、再構築するように設定を戻します。

対象のテンプレートを編集する状態にして、[テンプレートの設定]にある[公開]を「スタティック(既定)」に設定し、テンプレートを保存します。

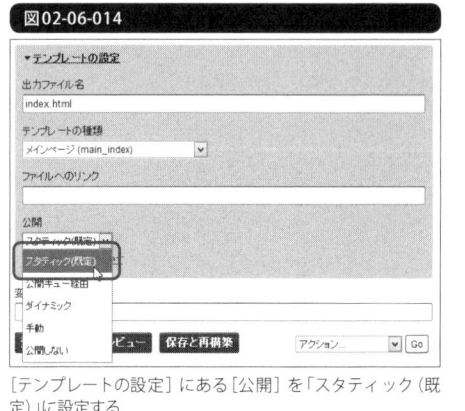

図02-06-014

[テンプレートの設定]にある[公開]を「スタティック(既定)」に設定する

○02-06-04 複数ブログを連携させる

MultiBlogプラグインでは、ウェブサイトと配下のブログを連携させるだけでなく、ブログ同士を連携させることもできます。

図02-06-015

自動再構築を設定したいブログで、サイドメニューの［ツール→プラグイン］を選択し「プラグイン」のリストから「MultiBlog」を選択します。「MultiBlog」の［設定］の［再構築トリガーを作成］をクリックします。

図02-06-016

条件として対象にしたいブログまたはウェブサイトを選択し、トリガーに［ブログ記事とウェブページの保存時］［インデックスを再構築］を選択して、［OK］をボタンをクリックします。

図02-06-017

プラグインの設定に戻りますので、［変更を保存］ボタンをクリックします。

◯02-06-05 テンプレートの種類に応じてウィジェットの内容を変える

ウィジェットによっては、テンプレートに応じて出力する内容を変えたい場合があります。

例えば、ウィジェットで最近の記事の一覧を出力するとします。一方、ブログのメインページにも、最近の記事の一覧を出力するとします。この場合、ブログのメインページにこのウィジェットを出力すると、最近の記事一覧が重複して出力されることになり、無駄があります。そこで、メインページの時は、ウィジェットで最近の記事の一覧を出力するのを止める、ということが考えられます。

P.103で、テンプレートやアーカイブの種類によって、予約変数が定義されることを述べました。この仕組みを利用して、予約変数が定義されているかどうかを判断して、ウィジェットの内容を出力するかどうかを変えることが考えられます。

コード02-06-003は、上の話に基づいて、最近の記事一覧を出力するウィジェットを作った例です。2行目にMTUnlessタグがあり、「name="main_index"」のモディファイアを指定していますので、変数main_indexが定義されていないときだけ、このウィジェットが処理されます。

変数main_indexは、メインページのテンプレートの時だけ定義される予約変数です。したがって、メインページの時だけ、コード02-06-003のMTUnlessタグの中身は再構築されず、最近の記事の一覧は出力されなくなります。

コード02-06-003■最近の記事一覧を出力するウィジェット

```
01  <mt:If tag="BlogEntryCount">
02     <mt:Unless name="main_index">
03     <mt:ArchiveList archive_type="Individual" lastn="10">
04        <mt:ArchiveListHeader>
05  <nav class="widget-recent-entries widget">
06     <h3 class="widget-header">最近の記事</h3>
07     <div class="widget-content">
08        <ul class="widget-list">
09        </mt:ArchiveListHeader>
10          <li class="widget-list-item"><a href="<$mt:EntryPermalink$>">
             <$mt:EntryTitle$></a></li>
11        <mt:ArchiveListFooter>
12        </ul>
13     </div>
14  </nav>
15        </mt:ArchiveListFooter>
16     </mt:ArchiveList>
17     </mt:Unless>
18  </mt:If>
```

Chapter 03　Data APIの基本と活用

Movable Type 6.0にはいくつかの新機能が追加されましたが、その中でキーになるのが「Data API」です。Data APIは、これまでの「Web制作用CMS」から、「汎用的なCMS」へと、Movable Typeが活躍する場を広げるものです。Chapter 03では、Data APIの基本的な考え方から、Data APIの実際的な使い方までを解説します。

03-01 Data APIの概要

Chapter 03の最初として、Data APIがどういったもので、何ができるのかといったことを、概論的にまとめます。

○ 03-01-01 「API」とは？

Data API自体の話に入る前に、まず「API」という言葉の意味を押さえておきましょう。

APIは、「Application Programming Interface」の略です。各種のプログラムから、OS（Operating System）などの機能を利用するためのインターフェースのことを、APIと呼びます。

例えば、iOS用のアプリケーションから、iOSの各種の機能を使いたいとします。この場合、iOSのAPIをアプリケーションから呼び出して、iOSの機能を使うという流れになります。

iOSを例に挙げましたが、他の多くのシステムで、さまざまなAPIが提供されています。

○ 03-01-02 Web向けの「Web API」

Webの利用が広がるにつれて、「Web API」を提供するサイトが増えてきました。Google、Yahoo、Amazon、楽天などの大手ネット企業を中心に、様々なサイトでWeb APIが提供されています。

Web APIは、Webの技術を活用して、各種のWebサービスの機能を、アプリケーションから利用することができる仕組みです。サービスを提供しているサーバーにHTTPプロトコルで接続し、XMLやJSONなどの形式でデータをやり取りして、サービスの機能を利用します。

1つの例として、Googleが提供している「Google Geocoding API」を紹介します。Google Geocoding APIは、緯度／経度と住所とを、相互に変換する機能を提供しています。

試しに、Webブラウザを起動して、以下のアドレスに接続してみてください。このアドレスは、兵庫県明石市にある明石市立天文科学館の住所、緯度／経度、郵便番号の情報を得ることを意味します。

```
http://maps.googleapis.com/maps/api/geocode/json?address=%E6%98%8E%E7%9F%B3%E5
%B8%82%E7%AB%8B%E5%A4%A9%E6%96%87%E7%A7%91%E5%AD%A6%E9%A4%A8&sensor=false
```

実際にアクセスすると、コード03-01-001のような情報が得られます。このような情報をプログラムで読み込んで、地図の表示に使ったりすることができます。

コード03-01-001 ■ Google Geocoding APIで明石市立天文科学館の住所等を得た例

```
01  {
02      "results" : [
03          {
04              "address_components" : [
05                  {
06                      "long_name" : "明石市立天文科学館",
07                      "short_name" : "明石市立天文科学館",
08                      "types" : [ "point_of_interest", "establishment" ]
09                  },
10                  {
11                      "long_name" : "6",
12                      "short_name" : "6",
13                      "types" : [ "sublocality_level_4", "sublocality", "political" ]
14                  },
15                  {
16                      "long_name" : "2",
17                      "short_name" : "2",
18                      "types" : [ "sublocality_level_3", "sublocality", "political" ]
19                  },
20                  {
21                      "long_name" : "人丸町",
22                      "short_name" : "人丸町",
23                      "types" : [ "sublocality_level_1", "sublocality", "political" ]
24                  },
25                  {
26                      "long_name" : "明石市",
27                      "short_name" : "明石市",
28                      "types" : [ "locality", "political" ]
29                  },
30                  {
31                      "long_name" : "兵庫県",
32                      "short_name" : "兵庫県",
33                      "types" : [ "administrative_area_level_1", "political" ]
34                  },
35                  {
36                      "long_name" : "日本",
37                      "short_name" : "JP",
38                      "types" : [ "country", "political" ]
39                  },
40                  {
41                      "long_name" : "673-0877",
42                      "short_name" : "673-0877",
43                      "types" : [ "postal_code" ]
44                  }
45              ],
46              "formatted_address" : "日本, 〒673-0877 兵庫県明石市人丸町２-６ 明石市立天文科学館",
47              "geometry" : {
```

```
48                "location" : {
49                    "lat" : 34.6493951,
50                    "lng" : 135.0014783
51                },
   (以後略）
```

◯ 03-01-03 Movable Type 6.0のData API

　Movable Type 6.0では、新たにData APIの機能が追加されます。Data APIは、Movable Typeに蓄積した各種のデータを、Web APIの形式で利用することができる仕組みです。記事／カテゴリ／アイテムなどのデータを取得したり、作成／更新したりすることができます（表03-01-001）。

　Data APIには、「REST」という仕組みでアクセスします。RESTは「Representational State Transfer」の略で、個々の情報に一元的なアドレスをつけ、そのアドレスにHTTPプロトコルの各種のメソッド（GETやPOSTなど）でアクセスすることで、情報の取得や更新を行う仕組みです。

　また、アクセスした際の結果は、「JSON」という形式で返されます。JSONは「JavaScript Object Notation」の略で、データ構造をJavaScriptのオブジェクトの形で記述する形式です。

　RESTでのアクセスが可能で、なおかつJSONを処理することができるプログラム言語なら、どのような言語でもMovable Typeにアクセスすることができます。JavaScript／PHP／Perl／Ruby／Objective-C／Javaなど、多くの言語がREST／JSONに対応していますので、プログラム言語はほぼ問わないと言って良いでしょう。

表03-01-001 ■ Data APIでできること

	作成	読み込み	更新	削除
記事	◯	◯	◯	◯
コメント	◯	◯	◯	◯
トラックバック		◯	◯	◯
ユーザー		◯	◯	
サイト（ブログ／ウェブサイト）		◯		
カテゴリ		◯		
サイトの統計		◯		
アイテム	◯			

○ 03-01-04 Data APIの使い道

前述したように、Data APIを使うと、Movable Typeのデータを各種のプログラム言語から様々な形で操作することができます。そのため、使い道はかなり広いです。ただ、逆に漠然としていて、何に使ったら良いのか分からない方も多いようです。特に、Web APIを使ったプログラミングの経験がない方ほど、分かりづらいと思います。

そこで、考えられる例をいくつか紹介しておきます。

●検索やページ分割などの動的処理

Movable Typeで管理しているウェブサイトがあって、それをData APIでより便利にするなら、動的なデータが必要な処理に使うことが考えられます。

その例の1つとして、記事を検索することが挙げられます。Data APIでは、「タイトルや本文等に、特定のキーワードを含む記事」などを検索して読み込むことができます。Movable Type標準の検索と比べると、幾分使いやすい検索にすることができます。

また、「メインページやアーカイブページを、1ページあたり記事10件ずつに分割する」といったページ分割の処理に、Data APIを使うことが考えられます。ページ分割については、後のP.129で手順を解説します。

●独自の管理画面の作成

Movable Typeでは、通常は管理画面（mt.cgi）にログインして記事の投稿等を行います。しかし、Movable Typeの用途によっては、その用途に専用な独自の管理画面があった方がよいこともあります。Data APIを使うと、そういった独自の管理画面から、記事の投稿などの各種の操作を行うことができます。

実際の例として、P.176でユーザー参加型のサイト（ソーシャル的なサイト）を作ることを取り上げます。Rainierテーマのブログ（またはウェブサイト）をベースに、それと同じデザインの記事作成／編集ページを作り、Data APIで記事の作成／編集を行えるようにします（図03-01-001）。

図03-01-001 ■Rainierテーマと同じデザインの記事作成／編集ページ

●iOS／Androidアプリとの連携

　ここ数年、スマートフォンやタブレットが大幅に伸びています。これらの機器では、ブラウザではなく、ネイティブアプリで様々な情報にアクセスする機会が多いです。

　また、Webサービスの中には、PCからアクセスする際にはWebブラウザを使い、スマートフォンやタブレットからアクセスする際にはネイティブアプリを使うところも多くなっています。

　このようなネイティブアプリから、Data APIを使うことも考えられます。アプリで必要な情報をMovable Typeで管理し、Data APIを通してアクセスして利用します。また、そのようにして蓄積したデータを、Movable Typeのテンプレートを使ってWebにも公開し、Webブラウザでも見られる形にすることもできます。

　たとえば、カードゲームのアプリを作る際に、ユーザーの情報や、個々のユーザーが持っているカードの情報を、Movable Typeで管理することが考えられます。そして、iOS／AndroidアプリからはData APIでそれらの情報を読み書きし、ゲームを進められるようにします。

　さらに、そのゲームのPC用Webページを、Movable Typeのテンプレートで出力することもできます。

●蓄積したデータの公開

　多くのデータを蓄積しているWebサイト（サービス）では、そのデータをWeb APIとして外部に公開することで、外部のプログラマが様々なアプリを作ってくれて、それによってサービスの利用者が増えることがあります。

　たとえば、TwitterではWeb APIが公開されているために、多くのプログラマがTwitterクライアントのアプリを開発し、それらのアプリによって利用者が増えるという好循環が生まれました。

　Movable TypeのData APIは、まさにWeb APIそのものです。したがって、Webサイトに蓄積しているデータをData APIで公開することで、外部のプログラマがアプリを作ってくれることがあるかもしれません。特に、大量かつ有用なデータを蓄積しているWebサイトほど、アプリができる可能性が高いです。

03-02　JavaScriptでData APIにアクセスする

前の節で述べたように、Data APIには様々なプログラム言語からアクセスすることができます。特に、JavaScriptではアクセス用のライブラリが提供されていて、他の言語より扱いやすくなっています。

○03-02-01 JavaScriptライブラリの概要

　Data APIは、本来はRESTでMovable Typeにアクセスして、各種の操作を行う仕組みです。多くのプログラム言語では、RESTでアクセスするためのコードを直接的に書くことになります。

　ただ、Data APIでアクセスする処理は、ある程度パターンがありますので、ライブラリ化することができます。本書執筆段階（2013年10月）ではJavaScript用のライブラリが提供されています。

　なお、JavaScriptライブラリのドキュメント（リファレンス）は、以下のアドレスにあります。

```
https://github.com/movabletype/mt-data-api-sdk-js/wiki/DataAPI-SDK-japanese-MT.DataAPI
```

○03-02-02 JavaScriptライブラリの初期化

まず、JavaScriptライブラリを読み込んで、初期化することから始めます。

●JavaScriptライブラリを組み込む

　JavaScriptのライブラリは、Movable Type 6.0に同梱されています。HTMLの中でJavaScriptのライブラリを使うには、HTMLに以下のようなscript要素を追加します。「your-host」と「path-to-mt」の部分は、Movable Typeのインストール先のホスト名／ディレクトリ名に合わせて書き換えます。

```
<script type="text/javascript" src="http://your-host/path-to-mt/mt-static/data-api/v1/js/mt-data-api.js"></script>
```

●Data APIのオブジェクトを作成する

JavaScriptライブラリでData APIにアクセスするには、Data APIのオブジェクトを作成し、その各種のメソッドを通してアクセスする、という仕組みを取ります。

Data APIのオブジェクトを作成するには、JavaScriptライブラリを読み込んだ後で、コード03-02-001のJavaScriptを実行します。

2行目の「your-host」と「path-to-mt」の部分は、Movable Typeのインストール先のホスト名／ディレクトリ名に合わせて書き換えます。また、3行目の「example」のところは、任意の英数字で指定します。

コード03-02-001 ■ Data APIのオブジェクトを作成する

```
01  var api = new MT.DataAPI({
02      baseUrl: 'http://your-host/path_to_mt/mt-data-api.cgi',
03      clientId: 'example'
04  });
```

● テンプレートタグでホスト名／パスを出力する

Movable TypeのテンプレートでData APIを使う場合、前述の「your-host」と「path-to-mt」の部分をテンプレートタグで出力することができます。

JavaScriptのライブラリを読み込む行は、以下のように書くことができます。MTStaticWebPathタグは、Movable Typeのディレクトリにある「mt-static」ディレクトリのアドレスを出力する働きをします。

```
<script type="text/javascript" src="<$mt:StaticWebPath$>data-api/v1/js/mt-data-api.js"></script>
```

また、Data APIのオブジェクトを作成する処理では（コード03-02-001）、2行目を以下のように書き換えます。MTCGIPathタグは、Movable Typeのインストール先ディレクトリのアドレスを出力する働きをします。

```
baseUrl: '<$mt:CGIPath$>mt-data-api.cgi',
```

○ 03-02-03 記事を読み込む

Data APIの基本的な使い方の例として、IDが1番のブログ（またはウェブサイト）から、最新の記事を10件読み込んで、記事の題名と概要を出力してみます。

● listEntriesメソッドを実行する

Data APIで記事を読み込むには、Data APIのオブジェクトに対して「listEntries」というメソッドを実行します。listEntriesメソッドの書き方は、コード03-02-002のようになります。

コード03-02-002 ■ listEntriesメソッドの書き方

```
01 api.listEntries(siteId, params, function(response) {
02     if (response.error) {
03         エラーに対する処理
04         return;
05     }
06     読み込んだ記事に対する処理
07 });
```

1行目の「siteId」には、読み込み元のブログ（またはウェブサイト）のIDを指定します。また、「params」には、読み込みの際のオプションをオブジェクトの形で指定します（P.129参照）。オプションがなければ、paramsの部分は省略することができます。

Data APIにアクセスした結果は、コールバック関数に渡されます。コールバック関数のパラメータの「response」を通して、結果を処理することができます。

responseはオブジェクトになっていて、「totalResults」と「items」の2つのプロパティがあります。totalResultsは、条件に合う記事の数を表します。条件を何も指定していなければ、ブログ（またはウェブサイト）で公開されているすべての記事の数になります。

また、itemsは記事の配列になっています。itemsの個々の要素は記事を表すオブジェクトで、そのプロパティから記事の各種のデータ（フィールド）を得ることができます（表03-02-001）。

表03-02-001■記事のオブジェクトのプロパティ（主なもの）

プロパティ名	内容
title	タイトル
body	本文
more	続き
excerpt	概要
date	公開日
author	記事を書いたユーザーのオブジェクト
categories	記事が属するカテゴリの配列
tags	記事につけたタグの配列

● オプションの指定

記事を読み込む際に、listEntriesメソッドにオプションを指定して、条件に合う記事だけを読み込んだり、読み込むフィールドを限定したりすることができます。paramsに指定できるオプションとして、表03-02-002のようなものがあります。

表03-02-002■paramsに指定できるオプション（主なもの）

オプション	内容
search	検索する文字列
searchFields	検索対象のフィールド名 複数のフィールドを対象にする場合は、フィールド名をコンマで区切る
fields	読み込むフィールド名 複数のフィールドを読み込む場合は、フィールド名をコンマで区切る
limit	読み込む件数 デフォルトでは10
offset	読み込みをスキップする件数 デフォルトでは0
sortBy	並べ替えに使うフィールド デフォルトではauthored_on（記事の公開日）
sortOrder	並び順 デフォルトではdescend（逆順）

○ 03-02-04 記事読み込みの例（ページ分割）

JavaScriptを使った例として、簡単なページ分割を行ってみます。ブログの全記事を5件ずつ出力し、ページ移動リンクで古い記事もたどれるようにします（図03-02-001、図03-02-002）。

図03-02-001 ■ 1ページ目の表示

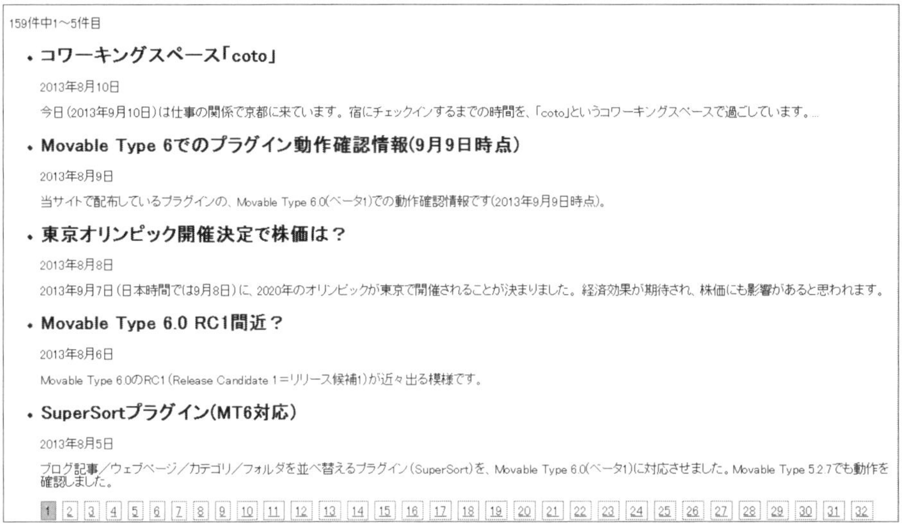

159件中1～5件目

- コワーキングスペース「coto」
  2013年8月10日
  今日（2013年9月10日）は仕事の関係で京都に来ています。宿にチェックインするまでの時間を、「coto」というコワーキングスペースで過ごしています。...
- Movable Type 6でのプラグイン動作確認情報（9月9日時点）
  2013年8月9日
  当サイトで配布しているプラグインの、Movable Type 6.0(ベータ1)での動作確認情報です（2013年9月9日時点）。
- 東京オリンピック開催決定で株価は？
  2013年8月8日
  2013年9月7日（日本時間では9月8日）に、2020年のオリンピックが東京で開催されることが決まりました。経済効果が期待され、株価にも影響があると思われます。
- Movable Type 6.0 RC1間近？
  2013年8月6日
  Movable Type 6.0のRC1(Release Candidate 1＝リリース候補1)が近々出る模様です。
- SuperSortプラグイン（MT6対応）
  2013年8月5日
  ブログ記事／ウェブページ／カテゴリ／フォルダを並べ替えるプラグイン（SuperSort）を、Movable Type 6.0(ベータ1)に対応させました。Movable Type 5.2.7でも動作を確認しました。

1 2 3 4 5 6 7 8 9 10 11 12 13 14 15 16 17 18 19 20 21 22 23 24 25 26 27 28 29 30 31 32

図03-02-002 ■ 2ページ目の表示

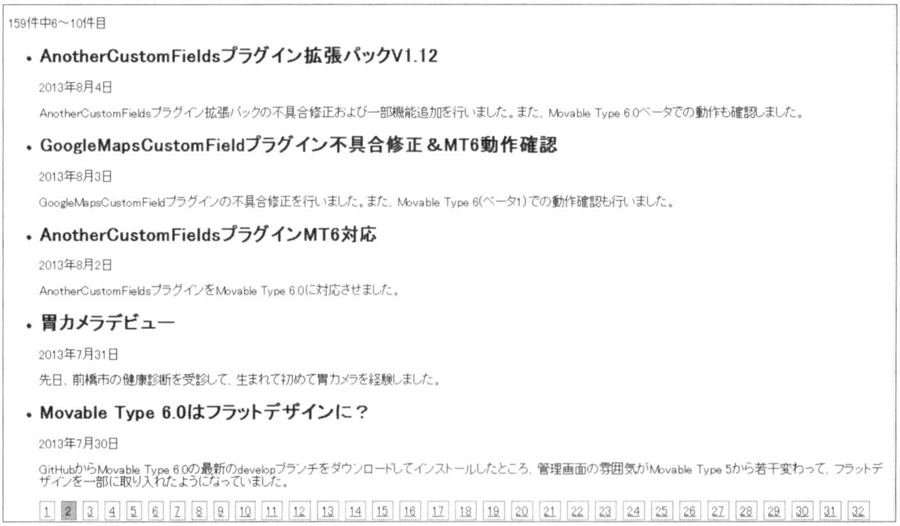

159件中6～10件目

- AnotherCustomFieldsプラグイン拡張パックV1.12
  2013年8月4日
  AnotherCustomFieldsプラグイン拡張パックの不具合修正および一部機能追加を行いました。また、Movable Type 6.0ベータでの動作も確認しました。
- GoogleMapsCustomFieldプラグイン不具合修正＆MT6動作確認
  2013年8月3日
  GoogleMapsCustomFieldプラグインの不具合修正を行いました。また、Movable Type 6(ベータ1)での動作確認も行いました。
- AnotherCustomFieldsプラグインMT6対応
  2013年8月2日
  AnotherCustomFieldsプラグインをMovable Type 6.0に対応させました。
- 胃カメラデビュー
  2013年7月31日
  先日、前橋市の健康診断を受診して、生まれて初めて胃カメラを経験しました。
- Movable Type 6.0はフラットデザインに？
  2013年7月30日
  GitHubからMovable Type 6.0の最新のdevelopブランチをダウンロードしてインストールしたところ、管理画面の雰囲気がMovable Type 5から若干変わって、フラットデザインを一部に取り入れたようになっていました。

1 2 3 4 5 6 7 8 9 10 11 12 13 14 15 16 17 18 19 20 21 22 23 24 25 26 27 28 29 30 31 32

●HTML／CSSのテンプレートの作成

まず、対象のブログ（またはウェブサイト）にインデックステンプレートを1つ作成し、ページのHTML／CSSを出力できるようにします。

テンプレートの名前を「ページ分割」にし、出力ファイル名を「pagination.html」にします。そして、テンプレートの内容をコード03-02-003のようにします。

この例では、記事一覧などの出力は、すべてJavaScriptで行います。記事一覧の出力先の要素は、IDが「contents」というdiv要素にします（13行目）。

また、jQuery、Data APIのライブラリ、そしてページ分割を行うJavaScriptを順に読み込みます（14～16行目）。

コード03-02-003■HTML／CSSを出力するテンプレート

```
01  <!DOCTYPE html>
02  <html>
03    <head>
04      <meta charset="<$mt:PublishCharset$>">
05      <title><$mt:BlogName encode_html="1" remove_html="1"$></title>
06      <style type="text/css">
07        ul#pagination { list-style-type: none; }
08        ul#pagination li { float: left; padding: 0; border: 1px solid #999999;
          padding: 3px 5px; margin-right: 0.5em; }
09        ul#pagination li.current { background-color: #cccccc; }
10      </style>
11    </head>
12    <body>
13      <div id="contents"></div>
14      <script type="text/javascript" src="<$mt:StaticWebPath$>jquery/
          jquery.min.js"></script>
15      <script type="text/javascript" src="<$mt:StaticWebPath$>data-api/v1/js/
          mt-data-api.js"></script>
16      <script tyle="text/javascript" src="<$mt:BlogURL$>pagination.js"></script>
17    </body>
18  </html>
```

● ページ分割JavaScriptのテンプレートの作成

次に、インデックステンプレートをもう1つ作成し、ページ分割の処理を行うJavaScriptを作ります。

テンプレートの名前を「ページ分割」にし、出力ファイル名を「pagination.js」にします。そして、テンプレートの内容をコード03-02-004のようにします。

コード03-02-004■ページ分割の処理を行うJavaScript

```
01  // 1ページ当たりの記事数
02  var per_page = 5;
03  // ページ番号
04  var page_no = 1;
05  // JavaScriptライブラリの初期化
06  var api = new MT.DataAPI({
07    baseUrl: '<$mt:CGIPath$>mt-data-api.cgi',
08    clientId: 'example'
09  });
10  // ページの表示
11  renderPage(page_no);
```

```
12
13  function renderPage() {
14    // 「読み込み中です」のメッセージの出力
15    jQuery('#contents').html('<p>読み込み中です</p>');
16    // 読み込みオプションの定義
17    var offset = (page_no - 1) * per_page;
18    var params = {
19      offset: offset,
20      limit: per_page,
21      fields: 'title,date,excerpt'
22    };
23    // 記事の読み込み
24    api.listEntries(<$mt:BlogID$>, params, function(response) {
25      var html = '';
26      var page_count = Math.floor((response.totalResults - 1) / per_page) + 1;
27      var entries = response.items;
28      // 記事の範囲を出力する
29      var offset_end = (page_no == page_count) ? response.totalResults :
          offset + per_page;
30      html += '<p>' + response.totalResults + '件中' + (offset + 1) + '〜' +
          offset_end + '件目</p>';
31      // 記事のタイトルと概要を出力する
32      html += '<ul>';
33      for (var i = 0, j = entries.length; i < j; i++) {
34        var dt = new Date(entries[i].date);
35        html += '<li><h2>' + entries[i].title + '</h2>';
36        html += '<p>' + (dt.getYear() + 1900) + '年' + dt.getMonth() +
          '月' + dt.getDate() + '日';
37        html += '<p>' + entries[i].excerpt + '</p></li>';
38      }
39      html += '</ul>';
40      // 各ページへのリンクを出力する
41      html += '<ul id="pagination">';
42      for (i = 1; i <= page_count; i++) {
43        if (i == page_no) {
44          html += '<li class="current">' + i + '</li>';
45        }
46        else {
47          html += '<li><a href="#">' + i + '</a></li>';
48        }
49      }
50      html += '</ul>';
51      jQuery('#contents').html(html);
52      // ページ移動リンクがクリックされたときの処理
53      jQuery('#pagination li a').on('click', function() {
54        page_no = jQuery(this).html();
55        renderPage();
56      });
57    });
58  }
```

このJavaScriptの内容は以下の通りです。

① 1ページ当たりの記事数（2行目）

1ページ当たりの記事数を、変数per_pageに代入します。代入する値を変えると、1ページ当たり10件や20件などで出力することもできます。

② ページ番号の設定（4行目）

変数page_noで、現在表示中のページ番号を管理します。ページを開いた時点では1ページ目を表示するので、page_noに1を代入しています。

③ JavaScriptライブラリの初期化（6〜9行目）

Data APIのJavaScriptライブラリを読み込みます。ライブラリがあるホスト名／パスは、MTCGIPathタグで出力しています。

④ ページの表示（11行目）

13行目以降のrenderPage関数を実行して、1ページ目を出力します。

⑤ 読み込み開始前の処理（14〜22行目）

1ページ分の記事を読み込むための準備を行います。「読み込み中です」というメッセージを出力した後（15行目）、読み込みオプションを定義します（17〜22行目）。offsetとlimitで、読み込む記事の範囲を指定します。また、fieldsには「title,date,excerpt」を指定して、記事のタイトル／日付／概要だけを読み込むようにします。

⑥ 記事を読み込む（24行目）

Data APIのオブジェクトに対してlistEntriesメソッドを実行し、記事を読み込みます。読み込みが終わると、コールバック関数（25行目以降）が実行されます。

⑦ 記事の範囲を出力（28〜29行目）

「◯◯件中□□〜△△件目」のメッセージを出力します。全件数（◯◯）は、responseのtotalResultsから得ることができます。また、出力する記事の範囲（□□と△△）は、それぞれoffset＋1／offset+5で求められます。ただし、最後のページでは、範囲の最後は全件数になります。

⑧ 記事のタイトルと概要の出力（31〜39行目）

読み込まれた記事の配列から、個々の記事を順に取り出し、title／date／excerptの各フィールドを加工して、記事一覧を出力するためのHTMLを生成します。

⑨ 各ページへのリンクの出力（40〜51行目）

1ページから最終ページまでのページ番号を順にHTMLに出力します。、

⑩ リンクがクリックされたときの処理（53〜55行目）

ページ移動リンクがクリックされたときに、ページ番号（変数page_no）を更新して、ページを表示しなおすようにします。

●サンプルファイル

ここで取り上げた例のサンプルは、サンプルファイルのフォルダの中の「pagination」フォルダにあります。HTML／JavaScriptのそれぞれのサンプルファイルは、「pagination.html」「pagination.js」です。

○03-02-05 各種のオブジェクトの読み込み

Data APIでは、記事以外の各種のオブジェクトを読み込むこともできます。また、特定の1つのオブジェクトだけを読み込むこともできます。

●カテゴリ等の読み込み

カテゴリ／コメント／トラックバックの情報を読み込むには、Data APIのオブジェクトに対して、表03-02-003のメソッドを実行します。

各メソッドとも、listEntriesメソッドと同様に、パラメータとしてsiteId（ウェブサイトまたはブログのID）、params（パラメータ）、コールバック関数を渡します（コード03-02-005）。

また、コールバック関数のパラメータ（response）も、listEntriesメソッドと同様に、「totalResults」と「items」のプロパティがあります。totalResultsはカテゴリ等の数で、itemsが読み込んだカテゴリ等の配列です。配列の個々の要素はカテゴリ等を表すオブジェクトで、表03-02-004〜006のようなプロパティがあります。

表03-02-003■カテゴリ等の情報を読み込むメソッド

読み込む対象	メソッド名
カテゴリ	listCategories
コメント	listComments
トラックバック	listTrackbacks

コード03-02-005■各メソッドの書き方

```
01  api.メソッド名(siteId, params, function(response) {
02    if (response.error) {
03      エラーに対する処理
04      return;
05    }
06    読み込んだカテゴリ等に対する処理
07  });
```

表03-02-004 ■カテゴリのオブジェクトのプロパティ（主なもの）

プロパティ名	内容
id	ID
label	名前
description	概要
parent	親カテゴリのID トップレベルカテゴリでは0
basename	ベースネーム

表03-02-005 ■コメントのオブジェクトのプロパティ（主なもの）

プロパティ名	内容
id	ID
body	本文
date	日付
status	公開状態
link	アドレス
entry	投稿先の記事を表すオブジェクト
author	投稿したユーザーを表すオブジェクト

表03-02-006 ■トラックバックのオブジェクトのプロパティ（主なもの）

プロパティ名	内容
id	ID
title	トラックバック元のタイトル
excerpt	トラックバック元の概要
url	トラックバック元のアドレス
date	日付
status	公開状態
entry	投稿先の記事を表すオブジェクト

● 特定の記事に対するコメント／トラックバックの読み込み

特定の記事に投稿されたコメントやトラックバックだけを、Data APIで読み込むこともできます。それぞれ、listCommentsForEntry／listTrackbacksForEntryというメソッドを実行します。

メソッドのパラメータとして、siteId／entryId／params／コールバック関数を渡します。entryIdには、コメント／トラックバック先記事のIDを渡します。例えば、IDが1番のブログで、IDが100番の記事に対するコメントを読み込んで処理するには、コード03-02-006のように書きます。

コールバック関数のパラメータのresponseは、listCommentsメソッドやlistTrackbacksメソッドと同じ内容になります。

コード03-02-006 ■IDが1番のブログで、IDが100番の記事に対するコメントを読み込む

```
01  api.メソッド名(1, 100, params, function(response) {
02      if (response.error) {
03          エラーに対する処理
04          return;
05      }
06      読み込んだコメントに対する処理
07  });
```

●1つのオブジェクトを読み込む

特定の記事だけなど、1つのオブジェクトだけを読み込むメソッドもあります（表03-02-006）。

getBlogメソッドでは、siteId／params／コールバック関数の3つのパラメータを渡します（コード03-02-007）。それ以外のメソッドでは、siteId／オブジェクトのId／params／コールバック関数の4つのパラメータを渡します（コード03-02-008）。

コールバック関数に渡されるパラメータ（response）は、読み込んだオブジェクト（ブログ等）になります。記事／コメント／トラックバックのオブジェクトのプロパティは、これまでに解説した通りです（P.129の表03-02-001などを参照）。また、ブログのオブジェクトのプロパティは、表03-02-008のようになります。

表03-02-007■1つのオブジェクトを読み込むメソッド

読み込む対象	メソッド名
ブログまたはウェブサイト	getBlog
記事	getEntry
コメント	getComment
トラックバック	getTrackback

表03-02-008■ブログのオブジェクトのプロパティ（主なもの）

プロパティ名	内容
id	ID
name	名前
description	概要
url	アドレス

コード03-02-007■getBlogメソッドの書き方

```
01  api.getBlog(siteId, params, function(response) {
02      if (response.error) {
03          エラーに対する処理
04          return;
05      }
06      読み込んだブログに対する処理
07  });
```

コード03-02-008■getEntry等のメソッドの書き方

```
01  api.メソッド名(siteId, オブジェクトのID, params, function(response) {
02      if (response.error) {
03          エラーに対する処理
04          return;
05      }
06      読み込んだオブジェクトに対する処理
07  });
```

03-03　JavaScriptでプライベートなデータを扱う

Data APIでは、公開されているデータを読み込むだけでなく、公開されていないデータを読み込んだり、既存のデータを更新／削除したり、新規にデータを追加することもできます。この節では、JavaScriptのライブラリを使って、プライベートなデータを扱う方法を紹介します。

03-03-01 ログインしてプライベートなデータを扱う

前の節で、Data APIを使ってデータにアクセスする例を取り上げました。ただ、この方法ではMovable Typeにはログインしていません。そのため、公開されているデータ（公開済みの記事など）を読み込むことしかできません。

一方、Data APIからMovable Typeにログインして、その状態でデータを扱うこともできます。この場合、ログインしたユーザーの権限に基づいて、プライベートなデータを読み込んだり、既存の記事等を更新／削除したり、新規に記事を作成したりすることもできます。

JavaScript APIを使う場合、Webブラウザにログインフォームを表示してログインします。その後は、ログインしたユーザーの権限で、各種の処理を行うことができます。

この仕組みを使うことで、Movable Typeの管理画面を使わずに、独自の管理画面を作成したり、あるいは管理画面を通さずにプログラムで自動処理したりして、記事等の作成や更新を行うことができます。

03-03-02 ログインの処理

JavaScript SDKでログインして各種の処理を行うには、以下のような手順を取ります。

● ログイン処理のひな形

ログインしてプライベートなデータを扱う場合、コード03-03-001のような形でJavaScriptを組みます。

1～4行目は、Data APIを初期化する処理です（P.133参照）。そして、5行目のgetTokenメソッドで、ログインの処理を行います。

ログインの処理が終わると、コールバック関数が実行されます。そのパラメータのresponseで、ログインが成功したかどうかを判断します。

response.errorに値があるときは、ログインができていない状態です（6行目）。このうち、response.error.

codeの値が401の場合は、ログイン前の状態なので、ログインのページにリダイレクトします（7～8行目）。一方、それ以外のときはログインに失敗していますので、エラーの処理を行います（11行目）。

また、response.errorに値がなければ、ログインに成功しています。この時は、記事を作成するなど、ログイン状態での処理を行います（15行目）。

> コード03-03-001■ログインしてプライベートなデータを扱う場合のJavaScriptのひな形

```
01  var api = new MT.DataAPI({
02      baseUrl: 'http://your-host/path_to_mt/mt-data-api.cgi',
03      clientId: 'example'
04  });
05  api.getToken(function(response) {
06      if (response.error) {
07          if (response.error.code === 401) {
08              location.href = api.getAuthorizationUrl(location.href);
09          }
10          else {
11              ログイン時にエラーが起きたときの処理；
12          }
13      }
14      else {
15          ログインに成功したときの処理
16      }
17  });
```

● Cookieのパスの設定

　ログインすると、セッションの情報がWebブラウザのCookieに保存されます。そして、ログインしたブログ（またはウェブサイト）の中であれば、他のページに移動しても、基本的にはログインの状態は有効になります。

　ただし、ログインの際に、ログイン先のページのパス（ページがあるディレクトリ）も、Cookieに保存されます。そのため、同じブログ（またはウェブサイト）であっても、最初にログインしたページより上位のパスや、別のパスにあるページでは、Cookieが働かず、ログインしていない状態になります。

　たとえば、図03-03-001のようなディレクトリ／ファイル構造のブログで、記事1のページでログインしたとします。この場合、記事2のページは記事1とパスが同じなので、記事2のページに移動しても、Cookieは有効です。

　しかし、記事3のページやトップページは、記事1とパスが異なります。そのため、記事3のページやトップページに移動するとCookieが働かず、ログインしていない状態になります。

　このような場合、Cookieを保存する際に、個々のページのパスではなく、ブログ（またはウェブサイト）のトップページのパスを保存するようにします。そうすれば、ブログ（ウェブサイト）内のどのページでもCookieが有効になり、ログイン状態が保たれます。

　Cookieのパスを設定するには、Data APIを初期化する際に、「sessionPath」というパラメータを付加します。例えば、

ドキュメントルート（「/」）をCookieのパスにしたい場合、Data APIを初期化する部分をコード03-01-011のように書きます。

なお、Movable Typeのテンプレート内でコード03-03-002の部分を出力する場合、4行目を以下のように書くと、再構築の際にブログ（ウェブサイト）のトップページのパスに置き換わります。

```
sessionPath: '<$mt:BlogRelativeURL$>'
```

図03-03-001■ブログのディレクトリ／ファイル構造の例

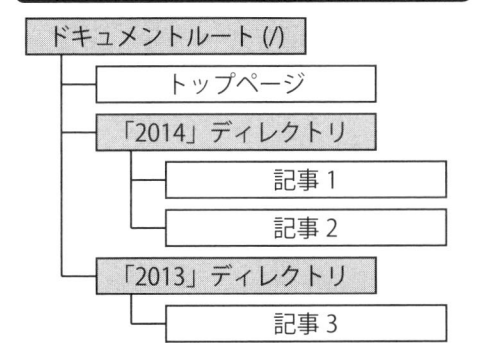

```
ドキュメントルート (/)
├── トップページ
├── 「2014」ディレクトリ
│   ├── 記事1
│   └── 記事2
└── 「2013」ディレクトリ
    └── 記事3
```

コード03-03-002■Cookieのパスを設定する

```
01  var api = new MT.DataAPI({
02      baseUrl: 'http://your-host/path_to_mt/mt-data-api.cgi',
03      clientId: 'example',
04      sessionPath: '/'
05  });
```

●ログインしているかどうかを判断する

コード03-03-002のひな形では、ログインしていなければ、即座にログインページに移動します。しかし、ログインしているかどうかを判断して、ログインしていないときには、「ログイン」等のリンクを表示し、それがクリックされたときにログインページに移動する、といった処理を行いたいこともあります。

ログインしているかどうかは、「getTokenData」というメソッドで判断することができます。このメソッドからの戻り値があって、なおかつ戻り値のオブジェクトに「accessToken」というプロパティがあれば、ログインしている状態です。この時、戻り値のオブジェクトのaccessTokenプロパティから、「アクセストークン」という情報を得ることができます。

したがって、コード03-03-003のような処理をすれば、ログインしているかどうかで処理を分けることができます。

なお、ログインしているかどうかで処理を分ける具体的な例は、P.206ページで取り上げます。

コード03-03-003■ログインしているかどうかで処理を分ける

```
01  var tokenData = api.getTokenData()
02  if (tokenData && tokenData.accessToken) {
03      ログイン済みの時の処理
04  }
05  else {
06      まだログインしていないときの処理
07  }
```

● ログイン中のユーザーの情報を得る

ログインした後で、ログインしたユーザーの情報を得たい場合もあります。この場合は、「getUser」というメソッドを使って、コード03-03-004のように書きます。

コールバック関数の引数のresponseが、ユーザーを表すオブジェクトになります。このオブジェクトには、表03-03-001のようなプロパティがあり、そこからユーザーの情報を得ることができます。

コード03-03-004■getUserメソッドの書き方

```
01  api.getUser('me', function(response) {
02      if (response.error) {
03          エラー処理
04      }
05      ログインしたユーザーに関する処理
06  }
```

表03-03-001■ユーザーの情報を表すプロパティ

プロパティ名	内容
id	ID
displayName	表示名
url	アドレス
mimeType	MIMEタイプ

● ログアウトする

ページ上に「ログアウト」のリンクやボタンを表示して、それがクリックされたらログアウトしたい、ということもあります。

ログアウトの処理は、「revokeAuthentication」というメソッドで行うことができます（コード03-03-005）。

```
コード03-03-005 ■revokeAuthenticationメソッドの書き方
01  api.revokeAuthentication(function(response) {
02      if (response.error) {
03          ログアウトに失敗したときの処理
04          return;
05      }
06      ログインに成功したときの処理
07  });
```

◯03-03-03 未公開の情報を読み込む

ログインしていない状態では、公開済みのデータ（記事等）だけを読み込むことができます。一方、ログインしている場合は、そのユーザーの権限に基づいて、未公開のデータを読み込むこともできます。

例えば、ログインした状態で、listEntriesメソッドを使って記事を読み込むと、未公開の記事の情報も読み込むことができます。

◯03-03-04 記事の操作

ログインした状態では、記事の作成／更新／削除を行うこともできます。

● 記事を作成する

JavaScriptライブラリを通して、Data APIで記事を新規作成することができます。それには、Data APIのオブジェクトに対して、「createEntry」というメソッドを実行します。

createEntryメソッドは、コード03-03-006のような書き方をします。メソッドのパラメータとして、ブログ（またはウェブサイト）のID／記事のデータ／コールバック関数の3つを渡します。

記事のデータは、オブジェクトの形式にします。オブジェクトのプロパティは、listEntriesメソッドで記事を読み込んだときと同じにします（P.129の表03-02-001を参照）。

記事作成に成功すると、コールバック関数のパラメータ（response）には、その記事を表すオブジェクトが渡されます。

なお、本書執筆時点では、記事を作成する際にカテゴリを指定することはできませんでした。ただし、拙作のプラグインで記事にカテゴリを指定することはできます。P.176の事例のところで、プラグインを取り上げます。

コード03-03-006 ■createEntryメソッドの書き方

```
01  api.createEntry(siteId, entryData, function(response) {
02      if (response.error) {
03          エラー時の処理
04          return;
05      }
06      記事作成完了時の処理
07  });
```

● 記事を更新する

既存の記事を更新するには、「updateEntry」というメソッドを実行します。

書き方はコード03-03-007のようになります。createEntryメソッドとの違いは、2つ目のパラメータで、更新対象の記事のIDを指定することです。

コード03-03-007 ■updateEntryメソッドの書き方

```
01  api.updateEntry(siteId, entryId, entryData, function(response) {
02      if (response.error) {
03          エラー時の処理
04          return;
05      }
06      記事更新完了時の処理
07  });
```

● 記事を削除する

既存の記事を削除するには、「deleteEntry」というメソッドを使います。

書き方はupdateEntryメソッドとほぼ同様です。ただし、記事を削除するので、記事のデータを渡さない点が異なります（コード03-03-008）。

コード03-03-008 ■deleteEntryメソッドの書き方

```
01  api.deleteEntry(siteId, entryId, function(response) {
02      if (response.error) {
03          エラー時の処理
04          return;
05      }
06      記事削除完了時の処理
07  });
```

◯ 03-03-05 記事操作の事例

記事操作の簡単な事例として、新規記事を作成するだけのJavaScript（とHTML）を作ってみます。仕様は以下の通りにします。

①ページを開いた時点で、まだログインしていなければ、ログインのページを開きます。
②ログインが完了したら、「処理中です。」と表示し、記事を作成します。記事の内容は、表03-03-002のようにします。
③記事の作成に成功したら、「記事作成に成功しました。」と表示します。

表03-03-002■記事の内容

プロパティ	値
タイトル	テスト記事
本文	テスト記事の本文です。

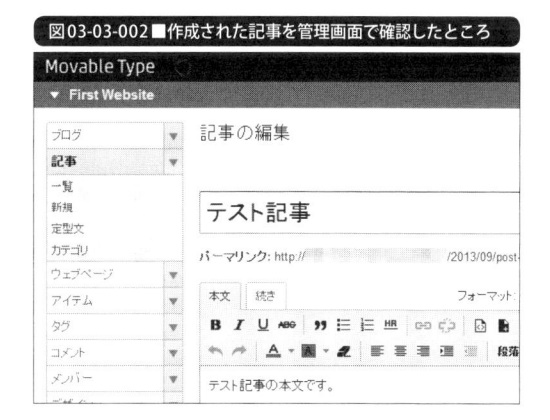

図03-03-002■作成された記事を管理画面で確認したところ

● HTMLのテンプレートの作成

まず、HTMLのテンプレートを作成します。手順は以下の通りです。

①ウェブサイト（またはブログ）のサイドメニューで、［デザイン→テンプレート］メニューを選び、テンプレートの一覧のページに移動します。
②［インデックステンプレートの作成］のリンクをクリックし、テンプレートを新規作成します。
③テンプレート名の欄に「記事の作成」と入力します。
④テンプレートの内容として、コード03-03-009を入力します。
⑤出力ファイル名の欄には、「create_entry.html」と入力します（図03-03-003）。
⑥テンプレートを入力し終わったら、保存して再構築します。

コード03-03-009のHTMLは、記事作成に必要なJavaScriptを読み込んでいるだけです。実際の記事作成の処理は、JavaScript側で行います。

なお、8行目の「<div id="result"></div>」のdiv要素は、JavaScript側で処理状態を出力するためのものです。

図03-03-003■テンプレートを入力したところ

コード03-03-009■ページのHTML

```
01  <!DOCTYPE html>
02  <html>
03    <head>
04      <meta charset="utf-8" />
05      <title>記事の作成</title>
06    </head>
07    <body>
08      <div id="result"></div>
09      <script type="text/javascript" src="<$mt:StaticWebPath$>data-api/v1/js/
        mt-data-api.js"></script>
10      <script type="text/javascript" src="<$mt:StaticWebPath$>jquery/
        jquery.min.js"></script>
11      <script type="text/javascript" src="<$mt:BlogURL$>create_entry.js"></script>
12    </body>
13  </html>
```

●JavaScriptのテンプレートの作成

次に、JavaScriptのテンプレートを作成します。手順は以下の通りです。

①HTMLのテンプレートと同じウェブサイト（またはブログ）で、サイドメニューの［デザイン→テンプレート］メニューを選び、テンプレートの一覧のページに移動します。

②［インデックステンプレートの作成］のリンクをクリックし、テンプレートを新規作成します。

③テンプレート名の欄に「create_entry.js」と入力します。

④テンプレートの内容として、コード03-03-010を入力します。

⑤出力ファイル名の欄には、「create_entry.js」と入力します。

⑥テンプレートを入力し終わったら、保存して再構築します。

コード03-03-010■記事を作成するJavaScript

```
01  // Data APIの初期化
02  var api = new MT.DataAPI({
03      baseUrl: '<$mt:CGIPath$>mt-data-api.cgi',
04      clientId: 'example'
05  });
06  // ログイン
07  api.getToken(function(response) {
08      if (response.error) {
09          if (response.error.code === 401) {
10              // まだログインしていない場合は、ログインのページに遷移する
11              location.href = api.getAuthorizationUrl(location.href);
12          }
13          else {
14              alert('記事作成エラー');
15          }
16      }
17      else {
18          // ログインが完了したら「処理中です。」と表示する
19          jQuery('#result').html('処理中です。');
20          // 記事のオブジェクトを生成する
21          var entryData = {
22              'title': 'テスト記事',
23              'body': 'テスト記事の本文です。',
24          };
25          // 記事を作成する
26          api.createEntry(<$mt:BlogID$>, entryData, function(response) {
27              // 記事作成に失敗した場合
28              if (response.error) {
29                  alert('記事作成エラー');
30                  return;
31              }
32              // 記事作成に成功した場合
33              jQuery('#result').html('記事作成に成功しました。');
34          });
35      }
36  });
```

このJavaScriptの内容は、以下の通りです。

① 2〜5行目

　Data APIを初期化します。

② 7〜16行目

　ログインの処理を行います。まだログインしていない場合は、ログインのページに遷移します。

③ 19行目

　ログインできたら、IDが「result」のdiv要素に、「処理中です。」と表示します。

④ 21〜24行目

　記事のタイトルと本文を表すオブジェクトを生成します。

⑤ 26行目

　createEntryメソッドで記事を作成します。1つ目のパラメータの「<$mt:BlogID$>」は、テンプレートを再構築することで、テンプレートが属するウェブサイト（またはブログ）のIDに置き換わります。

⑥ 28〜31行目

　記事の作成に失敗した場合は、「記事作成エラー」のメッセージを表示します。

⑦ 33行目

　記事の作成に成功した場合は、「記事作成に成功しました。」と表示します。

● サンプルファイル

　ここで取り上げた例のサンプルは、サンプルファイルのフォルダの中の「create_entry」フォルダにあります。HTML／JavaScriptのそれぞれのサンプルファイルは、「create_entry.html」「create_entry.js」です。

● 記事更新／削除も試してみる

　コード03-03-010のJavaScriptを書き換えると、Data APIでの記事更新／削除を試すこともできます。

　記事を更新したい場合は、まず21〜24行目の部分を書き換えて、更新後の記事タイトル／本文を指定します。そして、26行目を以下のように書き換えます。「記事のID」の部分は、管理画面等ですでに作成されている記事のIDを調べて、その値に置き換えます。

```
api.createEntry(<$mt:BlogID$>, 記事のID, entryData, function(response) {
```

　また、記事を削除したい場合は、26行目を以下のように書き換えます。

```
api.deleteEntry(<$mt:BlogID$>, 記事のID, function(response) {
```

○03-03-06 アイテムのアップロード

JavaScriptのライブラリを使って、アイテム(画像／ビデオ／オーディオ／ファイル)をMovable Typeにアップロードすることもできます。

●uploadAssetメソッドでアップロード

アイテムのアップロードは、「uploadAsset」というメソッドで行います。このメソッドの書き方は、一般的にはコード03-03-011のようになります。

HTMLでフォームを出力し、そのフォームに<input type="file"・・・>のinput要素を入れます。そのinput要素にID属性を指定し、そのIDをコードの2行目の「input要素のID」に指定します。

また、「アップロード先のパス」には、アイテムのアップロード先のパスを、ウェブサイト(またはブログ)の出力先ディレクトリからの相対パスで指定します。

アップロードに成功すると、コールバック関数が実行されます。そのパラメータのresponseには、アップロードしたアイテムを表すオブジェクトが渡されます(表03-03-003)。

コード03-03-011■uploadメソッドの書き方

```
01  var data = {
02      file: document.getElementById('input要素のID'),
03      path: 'アップロード先のパス',
04      autoRenameIfExists: true,
05      normalizeOrientation: true
06  };
07  api.uploadAsset(siteId, data, function(response) {
08      if (response.error) {
09          /アップロードエラーの際の処理
10          return;
11      }
12      アップロードに成功したときの処理
13  });
```

表03-03-003■アイテムのオブジェクトのプロパティ(主なもの)

プロパティ名	内容
id	ID
filename	ファイル名
url	アドレス
mimeType	MIMEタイプ

●アップロードのサンプル

アップロードの例として、以下のような仕様でアップロードできるようにしてみます。

①ページを開いた時点で、ログインしていなければ、ログインのページに遷移します。
②ログインしたら、ファイル選択欄と「アップロード」のボタンを表示します（図03-03-004）。
③アップロードしたファイルは、ウェブサイト（またはブログ）の出力先ディレクトリの中の「asset」というディレクトリに保存します。
④アップロードが終わったら、「アップロードに成功しました」というメッセージを出力します。

図03-03-004■アップロードのフォーム

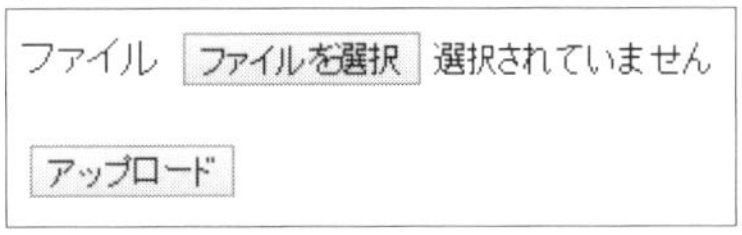

●HTMLのテンプレートの作成

まず、HTMLのテンプレートを作ります。手順は以下の通りです。

①ウェブサイト（またはブログ）のサイドメニューで、［デザイン→テンプレート］メニューを選び、テンプレートの一覧のページに移動します。
②[インデックステンプレートの作成]のリンクをクリックし、テンプレートを新規作成します。
③テンプレート名の欄に「アイテムのアップロード」と入力します。
④テンプレートの内容として、コード03-03-012を入力します。
⑤出力ファイル名の欄に、「upload_asset.html」と入力します。
⑥テンプレートを入力し終わったら、保存して再構築します。

コード03-03-012■「アイテムのアップロード」のテンプレート

```
01  <!DOCTYPE html>
02  <html>
03    <head>
04      <meta charset="utf-8" />
05      <title>アイテムのアップロード</title>
06    </head>
07    <body>
08      <div id="result"></div>
09      <form id="upload" style="display: none;">
10        <p>ファイル <input type="file" id="asset"></p>
11        <p><input type="button" value="アップロード" onclick="upload();"></p>
12      </form>
13      <script type="text/javascript" src="<$mt:StaticWebPath$>data-api/v1/js/mt-data-api.js"></script>
14      <script type="text/javascript" src="<$mt:StaticWebPath$>jquery/jquery.min.js"></script>
15      <script type="text/javascript" src="<$mt:BlogURL$>upload_asset.js"></script>
16    </body>
17  </html>
```

　このHTMLでは、アップロード結果を出力するためのdiv要素と（8行目）、アップロードのフォーム（9～12行目）を出力します。

　フォームは、初期状態では非表示にしておきます（9行目）。そして、ログインが完了した時点で、JavaScriptで表示します。また、「アップロード」のボタンがクリックされたときに、JavaScriptの「upload」という関数を実行するようにします（11行目）。

●JavaScriptのテンプレートの作成

　次に、JavaScriptのテンプレートを作成します。手順は以下の通りです。

①ウェブサイト（またはブログ）のサイドメニューで、［デザイン→テンプレート］メニューを選び、テンプレートの一覧のページに移動します。
②［インデックステンプレートの作成］のリンクをクリックし、テンプレートを新規作成します。
③テンプレート名の欄に「upload_asset.js」と入力します。
④テンプレートの内容として、コード03-03-013を入力します。
⑤出力ファイル名の欄には、「upload_asset.js」と入力します。
⑥テンプレートを入力し終わったら、保存して再構築します。

コード03-03-013■JavaScriptのテンプレート

```
01  // Data APIの初期化
02  var api = new MT.DataAPI({
03      baseUrl: '<$mt:CGIPath$>mt-data-api.cgi',
04      clientId: 'example'
05  });
06  // ログイン
07  api.getToken(function(response) {
08      if (response.error) {
09          if (response.error.code === 401) {
10              // まだログインしていない場合は、ログインのページに遷移する
11              location.href = api.getAuthorizationUrl(location.href);
12          }
13          else {
14              alert('記事作成エラー');
15          }
16      }
17      else {
18          // フォームを表示する
19          jQuery('#upload').show();
20      }
21  });
22  
23  // アップロード
24  function upload() {
25      // フォームを非表示にして、「処理中です。」と表示する
26      jQuery('#upload').hide();
27      jQuery('#result').html('処理中です。');
28      // アップロードする情報のオブジェクトを生成する
29      var data = {
30          file: document.getElementById('asset'),
31          path: 'asset',
32          autoRenameIfExists: true,
33          normalizeOrientation: true
34      };
35      // ファイルをアップロードする
36      api.uploadAsset(<$mt:BlogID$>, data, function(response) {
37          // アップロード作成に失敗した場合
38          if (response.error) {
39              alert('アップロードエラー');
40              return;
41          }
42          // アップロードに成功した場合
43          jQuery('#result').html('アップロードに成功しました。');
44      });
45  }
```

このJavaScriptの前半では、Data APIを初期化した後（2～5行目）、ログインしていなければログインのページに遷移します（11行目）。一方、ログインができていれば、アップロードのフォームを表示します（19行目）。

一方、後半（upload関数）が、アップロードの処理のメインです。この部分の内容は以下の通りです。

① 26～27行目

アップロードのフォームを非表示にするとともに（26行目）、「処理中です。」と表示します（27行目）。

② 29～32行目

アップロードするファイルなどの情報を、オブジェクトに代入します。アップロードするファイルは、フォーム内のIDが「asset」の要素から得ます（30行目）。また、ファイルのアップロード先は、「asset」ディレクトリにします（31行目）。

③ 36～43行目

29～32行目の設定に基づいて、ファイルをアップロードします。アップロードに成功したら、「アップロードに成功しました。」と表示します（43行目）。

● サンプルファイル

ここで取り上げた例のサンプルは、サンプルファイルのフォルダの中の「upload_asset」フォルダにあります。HTML／JavaScriptのそれぞれのサンプルファイルは、「upload_asset.html」「upload_asset.js」です。

03-04　PHPでData APIを操作する

Data APIのプログラムを作るには、RESTで通信できる言語であれば何でも使うことができます。この節では、PHPでData APIを扱う方法を紹介します。

○03-04-01 RESTの基本

まず、RESTそのものの基本を押さえておきましょう。

RESTを大まかに言うと、サーバーで管理している各種のデータにアドレスを付け、そのアドレスにHTTPプロトコルでアクセスして、データを操作する仕組みです。RESTの用語では、個々のデータのことを「リソース」(Resource)と呼びます。また、アクセスするアドレスのことを「エンドポイント」(Endpoint)と呼びます。

HTTPプロトコルには、データを操作する方法（メソッド）が定義されています。RESTではこれらのメソッドを活用します。データの作成／取得／更新／削除を、それぞれPOST／GET／PUT／DELETEのメソッドで行います。PUT、DELETEが使える環境では、--method="XX"というパラメータを付ければ、同じメソッドに変換して処理されます。

○03-04-02 Data APIのRESTの基本

PHPでData APIにアクセスする前に、Data APIの基本的な仕組みを解説します。

●Data APIのエンドポイント

本書執筆時点のData APIでは、主なエンドポイントのアドレスは表03-04-001のようになっています。

表03-04-001■Data APIのエンドポイント（主なもの）

対象	エンドポイント
ブログ	・・・/sites/ブログID
ユーザー	・・・/users/ユーザーID
記事（単一）	・・・/sites/ブログID/entries/記事ID
記事（複数）	・・・/sites/ブログID/entries
カテゴリ（複数）	・・・/sites/ブログID/categories
コメント（単一）	・・・/sites/ブログID/comments/コメントID
コメント（複数）	・・・/sites/ブログID/comments
特定記事に対するコメント	・・・/sites/ブログID/entries/記事ID/comments

「・・・」の部分は共通で、「http://your-host/path-to-mt/mt-data-api.cgi/v1」になります（「your-host」と「path-to-mt」は、Movable Typeのインストール先に応じて変えます）。

●オブジェクトの情報の取得

表03-04-001の各エンドポイントにGETメソッドでアクセスすると、対応するオブジェクトの情報がJSON形式で返されます。例えば、以下のアドレスにGETメソッドでアクセスすると、IDが1番のブログから、IDが100番の記事の情報を得ることができます。

http://your-host/path-to-mt/mt-data-api.cgi/v1/sites/1/entries/100

各エンドポイントにアクセスする際には、オプションの情報も渡すことができます。エンドポイントのアドレスの末尾に、「?パラメータ名＝値&パラメータ名＝値・・・」の形式で、オプションを付加します。

各オブジェクトに共通なオプションとして、表03-04-002のようなものがあります。「単一」に「○」がついているオプションは、単一のオブジェクトを取得するときに指定できるオプションです。一方、「複数」に「○」がついているオプションは、複数のオブジェクトを取得するときに指定できるオプションです。

また、複数の記事のオブジェクトを取得する際には、表03-04-003のようなオプションも指定することができます。

表03-04-002■オブジェクトの情報を取得する際に指定できるオプション（主なもの）

オプション	単一	複数	内容
fields	○	○	取得するプロパティ名をコンマで区切った値
limit	×	○	取得する件数
offset	×	○	先頭からこの件数だけスキップして取得
includeids	×	○	取得するオブジェクトのIDをコンマで区切った値
excludeids	×	○	取得しないオブジェクトのIDをコンマで区切った値

表03-04-003■複数の記事のオブジェクトを取得する際に指定できるオプション（主なもの）

オプション	内容
status	記事の公開状態を表03-04-004の文字列で指定
searchFields	検索対象にするプロパティ名をコンマで区切った値
search	検索する文字列
sortBy	並べ替えのキーにするプロパティ名を表03-04-005の文字列で指定
sortOrder	昇順の場合は「ascend」、降順の場合は「descend」を指定

表03-04-004■記事の公開状態を表す文字列

公開状態	文字列
下書き	Draft
公開	Publish
レビュー待ち	Review
指定日公開	Future
スパム	Spam

表03-04-005■並べ替えのキーにするプロパティ

並べ替えるキー	指定するプロパティ
公開日	authored_on
タイトル	title
作成日	created_on
更新日	modified_on

● Movable Typeへのログイン

　非公開の記事を読み込んだり、オブジェクトの作成／更新／削除を行うには、Movable Typeにログインする必要があります。

　PHPでプログラムを組む場合、ログインのフォームを表示せずに、サーバー側のプログラムでログイン処理を行うことができます。

　ログインする際のエンドポイントは、以下の通りです。

```
http://your_host/path_to_mt/mt-data-api.cgi/v1/authentication
```

このエンドポイントにアクセスする際に、リクエストボディとして以下のような文字列を渡します。

```
username=ユーザー名&password=パスワード&clientId=任意の文字列
```

　リクエストの結果は、JSON形式の文字列で返されます。そのJSONに「accessToken」というプロパティがあり、そこから「アクセストークン」という文字列を得ることができます。アクセストークンは、ログインしていることを示す文字列です。

● オブジェクトの作成等

　複数オブジェクトを表すエンドポイントにPOSTプロトコルでアクセスすると、新規のオブジェクト（記事等）を作成することができます。

　また、アクセスする際には、HTTPのリクエストヘッダーに以下を追加して、アクセストークンを渡します。

```
X-MT-Authorization: MTAuth accessToken=アクセストークン
```

　たとえば、ログインした状態で以下のアドレスにPOSTメソッドでアクセスし、アクセストークンも渡すと、新規の記事を追加することができます。

```
http://your-host/path-to-mt/mt-data-api.cgi/v1/sites/1/entries
```

　さらに、Movable Typeにログインした状態で、単一オブジェクトを表すエンドポイントにPUT／DELETEメソッドでアクセスし、アクセストークンも渡すと、既存のオブジェクトの更新／削除を行うこともできます。

　また、オブジェクトを作成／更新する際には、オブジェクトをJSON形式の文字列にした上で、リクエストボディと

して送信します。例えば、記事を作成する際には、記事のタイトルや本文等の情報をJSON形式の文字列にして、リクエストボディとして送信します。

● Data APIのレスポンス

Data APIにアクセスすると、JSON形式の文字列でレスポンスが返されます。

単一オブジェクトを表すエンドポイントにアクセスした場合は、そのオブジェクトそのものがJSON形式で返されます。また、複数オブジェクトを表すエンドポイントにアクセスした場合は、図03-04-001のようなオブジェクトをJSON形式にした文字列が返されます。

図03-04-001

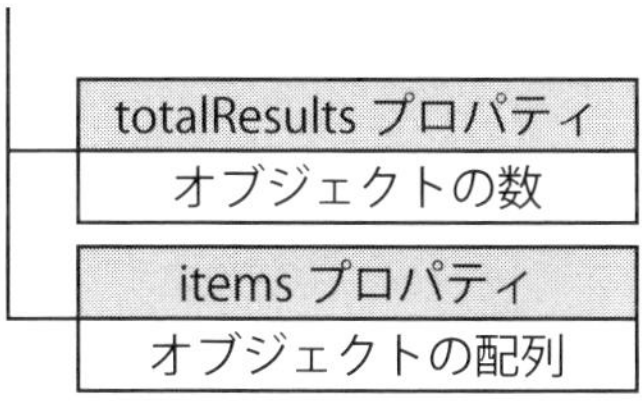

| totalResults プロパティ |
| オブジェクトの数 |
| items プロパティ |
| オブジェクトの配列 |

複数オブジェクトを表すエンドポイントにアクセスしたときに返されるオブジェクト

○ 03-04-03 PHPでオブジェクトの情報を取得する

ここまでの話に基づいて、PHPでData APIにアクセスしていきます。まず、オブジェクトの情報を取得する方法から解説します。

● file_get_contents関数でエンドポイントにアクセス

PHPからHTTPプロトコルでWebサーバーにアクセスする方法は、何通りかあります。その中で、最も単純な方法として、PHP標準のfile_get_contents関数を使う方法があります。

file_get_contents関数は、指定したアドレスにアクセスして、そのレスポンスを文字列として受け取ることができます。基本的な書き方は、以下のようになります。

```
変数 = file_get_contents(アドレス);
```

アドレスとしてData APIのエンドポイントを指定すれば、結果のJSONの文字列を得ることができます。その文字列を、PHPの「json_decode」という関数でパースして、PHPのオブジェクトに変換して処理します（ただし、json_decode関数はPHP 5.2以降でのみ使用可能です）。

●記事を取得する例

　PHPで記事を取得する簡単な例として、最近の記事を取得し、そのタイトルを一覧表示する例を作ってみます（図03-04-002）。

　インデックステンプレートを作り、そこにPHPのプログラムを入力して、動作させます。手順は以下の通りです。

①ウェブサイト（またはブログ）のサイドメニューで、[デザイン→テンプレート]メニューを選び、テンプレートの一覧のページに移動します。
②[インデックステンプレートの作成]のリンクをクリックし、テンプレートを新規作成します。
③テンプレート名の欄に「記事の一覧(PHP)」と入力します。
④テンプレートの内容として、コード03-04-001を入力します。
⑤出力ファイル名の欄には、「entries.php」と入力します。
⑥テンプレートを入力し終わったら、保存して再構築します。
⑦出力したページにWebブラウザでアクセスします。

図03-04-002■タイトル一覧表示の例

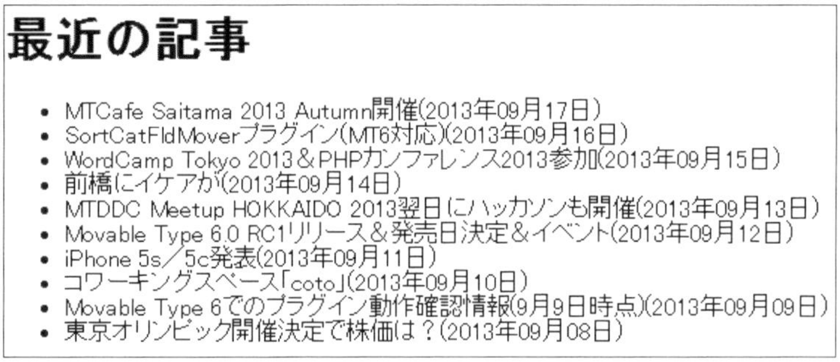

コード03-04-001 ■PHPで記事の情報を取得する

```php
01  <!DOCTYPE html>
02  <html>
03      <head>
04          <meta charset="utf-8">
05          <title>記事を取得</title>
06      </head>
07      <body>
08          <h1>最近の記事</h1>
09  <?php
10  $json = file_get_contents('<$mt:CGIPath$>mt-data-api.cgi/v1/sites/<$mt:BlogID$>/entries');
11  if ($json === false) {
12      exit('アクセス失敗');
13  }
14  $response = json_decode($json);
15  if ($response === null) {
16      exit('レスポンスの形が不正');
17  }
18  if (isset($response->items) && count($response->items)) {
19      $entries = $response->items;
20      print '<ul>';
21      for ($i = 0; $i < count($entries); $i++) {
22          print '<li>';
23          print $entries[$i]->title;
24          print '(' . date('Y年m月d日', strtotime($entries[$i]->date)) . ')';
25          print '</li>';
26      }
27      print '</ul>';
28  }
29  else {
30      print '<p>記事がありません。</p>';
31  }
32  ?>
33      </body>
34  </html>
```

コード03-04-001の内容は以下の通りです。

① 10〜13行目

「http://your-host/path-to-mt/mt-data-api.cgi/v1/sites/ブログのID/entries」のエンドポイントにアクセスし、レスポンスのJSON文字列を得て、それを変数$jsonに代入します。

なお、アクセスに失敗すると、変数$jsonの値がfalseになります。その時は、「アクセス失敗」と出力してプログラムを終了します。

② 14〜16行目

変数 $jsonをパースしてPHPのオブジェクトに変換し、変数 $responseに代入します。

ただし、変数 $jsonの文字列が正しくなくて、オブジェクトに変換できなかった場合は、「レスポンスの形が不正」と出力してプログラムを終了します。

③ 18行目

得られた記事の配列は、オブジェクト $responseの itemsプロパティで表されます（P.155の図 03-04-001）。itemsプロパティがあり、かつそのサイズが0より大きいかどうか（=記事があるかどうか）で、処理を分けます。

④ 19行目

記事の配列（$response->items）を、変数 $entriesに代入します。

⑤ 21行目

個々の記事を順に繰り返します。

⑥ 23行目

記事のタイトル（titleプロパティ）を出力します。

⑦ 24行目

記事の日付（dateプロパティ）を出力します。PHPの strtotime関数で dateプロパティの値を PHPの日付型の値に変換し、それを date関数で「○○年○○月○○日」の形にして出力します。

⑧ 30行目

記事がなかった（18行目のif文で条件が成立しなかった）時には、「記事がありません」と出力します。

●サンプルファイル

ここで取り上げた例のサンプルファイルは、サンプルファイルのフォルダの「php」フォルダにある「entries.php」です。

○03-04-04 PHPでログインの処理を行う

Data APIで未公開の記事を取得したり、記事の作成／更新／削除を行うには、ログインの処理が必要です（P.137参照）。この処理をPHPで書くと、コード03-04-002のようになります。

このプログラムを実行し、ログインに成功すると、変数 $accessTokenにアクセストークンが代入されます。

なお、1行目の「your_host」「path_to_mt」、および2行目の「ユーザー名」と3行目の「パスワード」は、ご自分の環境に応じて書き換えます。

コード03-04-002 ■ログインの処理

```php
01  $endpoint = 'http://your_host/path_to_mt/mt-data-api.cgi/v1/authentication';
02  $username = 'ユーザー名';
03  $password = 'パスワード';
04  // リクエスト時のオプションの作成
05  $postdata = array(
06      'username' => $username,
07      'password' => $password,
08      'clientId' => 'example',
09  );
10  $options = array('http' =>
11      array(
12          'method' => 'POST',
13          'header' => array('Content-Type: application/x-www-form-urlencoded'),
14          'content' => http_build_query($postdata),
15      )
16  );
17  // ログイン
18  $response = file_get_contents($endpoint, false, stream_context_create($options));
19  if (!$response) {
20      echo "ログインできませんでした。";
21      exit();
22  }
23  // アクセストークンを得る
24  $json = json_decode($response);
25  $accessToken = $json->accessToken;
```

このプログラムの内容は以下の通りです。

① 1〜3行目

ログインに必要な情報を定義しています。

② 5〜16行目

メソッドを「POST」にし（12行目）、「username=ユーザー名&password=パスワード&clientId=任意の文字列」のリクエストボディを生成します（14行目）。また、「Content-Type: application/x-www-form-urlencoded」のリクエストヘッダーを指定します（13行目）。

③ 18行目

PHPのfile_get_contents関数を使って、Data APIにアクセスし、その結果を変数$responseに代入します。

④ 19〜22行目

ログインに失敗した場合、変数$responseには値が代入されません。この場合は、「ログインできませんでした。」のメッセージを出力して終了します。

⑤24～25行目

ログインに成功すると、$responseにはJSONの文字列が代入されます。このJSONをパースしてPHPのオブジェクトに変換し、そのaccessTokenプロパティを取り出して、変数$accessTokenに代入します。

○03-04-05 PHPで記事を作成する

ログインしたら、記事を作成することができます（ただし、ログインしたユーザーに記事作成の権限があることが必要です）。この処理をPHPで書くと、コード03-04-003のようになります。

なお、1行目の「your_host」「path_to_mt」は、ご自分の環境に合わせて書き換えます。同じく1行目の「ウェブサイト（またはブログ）のID」は、記事作成先のウェブサイト（またはブログ）のIDに書き換えます。また、5～9行目の部分は、作成する記事に応じて適切にプロパティを設定します。

さらに、変数$accessTokenには、ログイン時に取得したアクセストークンが代入されているものとします。

コード03-04-003 ■記事を作成する

```
01  $endpoint = 'http://your_host/path_to_mt/mt-data-api.cgi/v1/sites/ウェブサイト
    （またはブログ）のID/entries';
02  // リクエスト時のオプションの作成
03  $postdata = array(
04      'entry' => json_encode(array(
05          'title' => '記事のタイトル',
06          'body' => '記事の本文',
07          ・
08          ・（その他のプロパティの指定）
09          ・
10      )),
11  );
12  $options = array('http' =>
13      array(
14          'method' => 'POST',
15          'header' => array(
16              'X-MT-Authorization: MTAuth accessToken=' . $accessToken,
17              'Content-Type: application/x-www-form-urlencoded'
18          ),
19          'content' => http_build_query($postdata),
20      )
21  );
22  // 記事の作成
23  $response = file_get_contents($endpoint, false, stream_context_create($options));
24  if (!$response) {
25      echo "記事作成エラー";
26  }
```

コード03-04-003の内容は以下の通りです。

① 3〜11行目
作成する記事の情報を、JSON形式の文字列に変換します。さらに、その文字列を連想配列に代入し、リクエストボディの生成に使えるようにします。

② 12〜21行目
HTTPでアクセスする際のリクエストヘッダー／リクエストボディ／メソッドを、変数$optionsに用意します。「X-MT-Authorization」のリクエストヘッダーに、取得済みのアクセストークンの値を渡しています（16行目）。

③ 23行目
Data APIにアクセスして記事を作成し、その結果を変数$responseに得ます。記事の作成に成功していれば、その記事を表すJSON文字列が変数$responseに代入されます。

④ 24〜26行目
記事の作成に失敗した場合、変数$responseには値は代入されません。この時は、「記事作成エラー」のメッセージを出力します。

○03-04-06 PHPで記事を更新／削除する

記事の作成と同様の方法で、記事の更新／削除を行うこともできます。それぞれのプログラムを作ると、コード03-04-004／コード03-04-005のようになります。

記事の更新は、作成の場合とほぼ同じです。エンドポイントのアドレスに更新対象の記事のIDを追加するのと（1行目）、HTTPのメソッドがPUTになる（14行目）のが異なります。

また、記事の削除では、記事のデータを渡す必要がないので、その分処理が単純になります。また、HTTPのメソッドはDELETEになります（5行目）。

コード03-04-004 ■記事の更新

```php
01  $endpoint = 'http://your_host/path_to_mt/mt-data-api.cgi/v1/sites/ウェブサイト
    (またはブログ)のID/entries/記事のID';
02  // リクエスト時のオプションの作成
03  $postdata = array(
04      'entry' => json_encode(array(
05          'title' => '記事のタイトル',
06          'body' => '記事の本文',
07          ・
08          ・(その他のプロパティの指定)
09          ・
10      )),
11  );
12  $options = array('http' =>
13      array(
14          'method' => 'PUT',
15          'header' => array(
16              'X-MT-Authorization: MTAuth accessToken=' . $accessToken,
17              'Content-Type: application/x-www-form-urlencoded'
18          ),
19          'content' => http_build_query($postdata),
20      )
21  );
22  // 記事の更新
23  $response = file_get_contents($endpoint, false, stream_context_create($options));
24  if (!$response) {
25      echo "記事更新エラー";
26  }
```

コード03-04-005 ■記事の削除

```php
01  $endpoint = 'http://your_host/path_to_mt/mt-data-api.cgi/v1/sites/ウェブサイト
    (またはブログ)のID/entries/記事のID';
02  // リクエスト時のオプションの作成
03  $options = array('http' =>
04      array(
05          'method' => 'DELETE',
06          'header' => array(
07              'X-MT-Authorization: MTAuth accessToken=' . $accessToken,
08              'Content-Type: application/x-www-form-urlencoded'
09          ),
10      )
11  );
12  $response = file_get_contents($endpoint, false, stream_context_create($options));
13  if (!$response) {
14      echo "記事削除エラー";
15  }
```

03-05　iOSアプリ／AndroidアプリからData APIにアクセスする

Data APIは、WebブラウザやWebサーバーからアクセスするだけでなく、一般のプログラムからアクセスすることもできます。中でも、iOSアプリやAndroidアプリからData APIでアクセスして、Movable Typeをアプリのバックエンドとして使うことも考えられます。

03-05-01 基本的な考え方

　前の節で、PHPを使ってData APIにアクセスする方法を紹介しました。アクセスの手順はそのまま使い、プログラムに使う言語を置き換えることで、他の言語からData APIにアクセスすることができます。

　iOSアプリの本来のプログラミングでは、「Objective-C」というプログラム言語を使ってプログラムを組みます。一方、Androidでは「Java」というプログラム言語を使います。どちらの言語にも、HTTPプロトコルでWebサーバーにアクセスするための関数等がありますので、それを利用します。

03-05-02 さまざまなアプリを作成可能

　iOS／Androidのそれぞれで、Data APIを使ったアプリの一例として、記事を作成するだけのごく簡単なアプリを作ってみました（図03-05-001、図03-05-002、図03-05-003）。記事のタイトルと本文を入力して、「送信」ボタンをクリックすると、その情報をData APIでMovable Typeに送信し、記事を作成します。

　iOS／Androidの様々な機能を活用すれば、もっと面白いアプリを作ることができるでしょう。例えば、以下のような機能を盛り込んだアプリが考えられます。

・Movable Typeにユーザー登録する機能を付け、各ユーザーがiOS／Androidから情報を投稿できるようにして、ソーシャル的なサービスにする
・GPSで位置情報を取得して、記事とともに位置情報も送信して記録する
・内蔵カメラで撮影した写真をアップロードする

図03-05-001■記事投稿アプリ(iOS版)

図03-05-002■記事投稿アプリ(Android版)

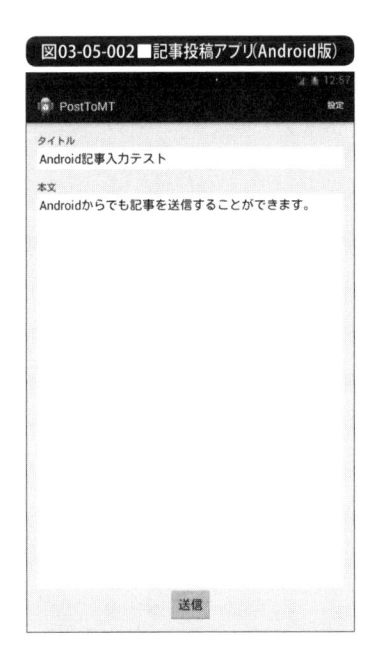

図03-05-003■iOS版アプリから投稿した記事をMovable Typeの管理画面で開いたところ

○03-05-03 iOSアプリからData APIを呼び出す

前述したように、Data APIを呼び出す手順は、言語が変わっても同じです。個々の言語の書き方で、Data APIを呼び出す処理を作ります。iOSアプリからData APIを呼び出す場合は、Objective-C言語を使い、iOSのHTTP関係の関数を使って処理を書きます。

●情報の取得

Data APIで情報を取得する処理をObjective-Cで書くと、コード03-05-001のような形になります。

コード03-05-001 ■Data APIで情報を取得する

```objc
01 NSURL *url = [NSURL URLWithString:@"Data APIのエンドポイント"];
02 NSMutableURLRequest *request =
03     [NSMutableURLRequest requestWithURL: url
04         cachePolicy:NSURLRequestUseProtocolCachePolicy
05         timeoutInterval:60.0];
06 [request setHTTPMethod: @"GET"];
07 [NSURLConnection sendAsynchronousRequest:request
08     queue:[NSOperationQueue mainQueue]
09     completionHandler:^(NSURLResponse *response, NSData *data, NSError *error) {
10         if (data) {
11             NSError *json_error = nil;
12             NSDictionary *resp =
13                 [NSJSONSerialization JSONObjectWithData:data
14                     options:NSJSONReadingMutableContainers
15                     error:&json_error];
16             if ([resp objectForKey:@"error"] == nil) {
17                 取得したオブジェクトを処理
18             }
19             else {
20                 エラー処理
21             }
22         }
23         else {
24             エラー処理
25         }
26     }
27 ];
```

コードの内容は以下の通りです。

①1行目

エンドポイントのアドレスを、NSURL型のオブジェクトに代入します。「Data APIのエンドポイント」の部分は、実際のエンドポイントのアドレスに置き換えます。

②2～6行目

リクエスト（NSMutableURLRequest型）のオブジェクトを作成します。HTTPのメソッドはGETに設定します（6行目）。

③7～9行目

Data APIのリクエストを実行します。リクエストが終了すると、10行目以降の処理に移ります。

④10行目

結果のJSONの文字列を受け取れているかどうかを判断します。

⑤11～15行目

JSONの文字列をNSDictonary型のオブジェクトに変換します。

⑥ 16〜18行目

オブジェクトに「error」のプロパティがなければ、正しく結果を受け取れたと判断して、オブジェクトに対する処理を行います。

⑦ 19〜21行目

オブジェクトに「error」のプロパティが含まれていたので、エラー処理を行います。

⑧ 23〜25行目

JSONの受信に失敗したので、エラー処理を行います。

● ログイン

Data APIでログインするには、コード03-05-002のような処理を行います。

コード03-05-002 ■ Data APIでログインする

```
01 NSURL *url = [NSURL URLWithString:@"http://your-host/path-to-mt/mt-data-api.cgi/v1/authentication"];
02 NSString *query = [NSString stringWithFormat:@"username=%@&password=%@&clientId=example", username, password];
03 NSData *reqbody = [query dataUsingEncoding:NSUTF8StringEncoding];
04 NSMutableURLRequest *request =
05     [NSMutableURLRequest requestWithURL: url
06         cachePolicy:NSURLRequestUseProtocolCachePolicy
07         timeoutInterval:60.0];
08 [request setHTTPMethod: @"POST"];
09 [request setValue:@"application/x-www-form-urlencoded" forHTTPHeaderField:@"Content-Type"];
10 [request setValue:[NSString stringWithFormat:@"%d", [reqbody length]]
11     forHTTPHeaderField:@"Content-Length"];
12 [request setHTTPBody:reqbody];
13 [NSURLConnection sendAsynchronousRequest:request
14     queue:[NSOperationQueue mainQueue]
15     completionHandler:^(NSURLResponse *response, NSData *data, NSError *error) {
16         if (data) {
17             NSError *json_error = nil;
18             NSDictionary *resp =
19                 [NSJSONSerialization JSONObjectWithData:data
20                     options:NSJSONReadingMutableContainers
21                     error:&json_error];
22             if ([resp objectForKey:@"error"] == nil) {
23                 accessToken = [resp objectForKey:@"accessToken"];
24                 ログイン成功時の処理
25             }
26 ・
27 ・(以後コード03-05-001の19〜26行目と同じ)
28 ・
29 ];
```

コードの内容は以下の通りです。

① 1行目

ログインのエンドポイントのアドレスを、NSURL型のオブジェクトに代入します。「your-host」と「pass-to-mt」の部分は、実際のエンドポイントのアドレスに置き換えます。

② 2～3行目

「username=ユーザー名&password=パスワード&clientId=example」の文字列を、NSString型のオブジェクトに代入します（2行目）。そして、その文字列をNSData型に変換します（3行目）。

なお、変数usernameとpasswordはNSString型で、あらかじめユーザー名／パスワードが代入されているものとします。

③ 4～12行目

リクエスト（NSMultableRequest型）のオブジェクトを生成します。メソッドはPOSTにし（8行目）、リクエストヘッダー（9～11行目）とリクエストボディ（12行目）を設定します。

④ 13～15行目

Data APIのリクエストを実行します。リクエストが終了すると、16行目以降の処理に移ります。

⑤ 16行目

結果のJSONの文字列を受け取れているかどうかを判断します。

⑥ 17～21行目

JSONの文字列をNSDictonary型のオブジェクトに変換します。

⑦ 22～25行目

オブジェクトに「error」のプロパティがなければ、正しくログインできたと判断して、アクセストークンを変数accessTokenに代入し（23行目）、そのほかのログイン成功時の処理も行います。

なお、変数accessTokenは、NSString型のオブジェクトとしてあらかじめ宣言しておきます。

● 記事の作成

Data APIで記事を作成するには、コード03-05-003のような処理を行います。

コード03-05-003 ■Data APIで記事を投稿する

```objc
01  NSURL *url = [NSURL URLWithString:@"http://your-host/path-to-mt/mt-data-api.cgi/
    v1/sites/ウェブサイト(またはブログ)のID/entries"];
02  NSDictionary *entry = @{
03      @"title": 記事のタイトル,
04      @"body": 記事の本文
05  };
06  NSData *json = [NSJSONSerialization dataWithJSONObject:entry
07      options:NSJSONWritingPrettyPrinted error:&error];
08  NSString *jsonstr = [[NSString alloc] initWithData:
    json encoding:NSUTF8StringEncoding];
09  NSString *json_encoded =
10      (__bridge_transfer NSString *) CFURLCreateStringByAddingPercentEscapes(
11          NULL, (__bridge CFStringRef)jsonstr, NULL,
12          (CFStringRef)@"!*'();:@&=+$,/?%#[]", kCFStringEncodingUTF8
13      );
14  NSString *query = [NSString stringWithFormat:@"entry=%@", json_encoded];
15  NSData *reqbody = [query dataUsingEncoding:NSUTF8StringEncoding];
16  NSMutableURLRequest *request =
17  [NSMutableURLRequest requestWithURL: url
18      cachePolicy:NSURLRequestUseProtocolCachePolicy
19      timeoutInterval:60.0];
20  [request setHTTPMethod: @"POST"];
21  [request setValue:@"application/x-www-form-urlencoded" forHTTPHeaderField:
    @"Content-Type"];
22  [request setValue:[NSString stringWithFormat:@"%d", [reqbody length]]
23      forHTTPHeaderField:@"Content-Length"];
24  [request setValue:[NSString stringWithFormat:@"MTAuth accessToken=%@",
    accessToken]
25      forHTTPHeaderField:@"X-MT-Authorization"];
26  [request setHTTPBody:reqbody];
27  [NSURLConnection sendAsynchronousRequest:request
28      queue:[NSOperationQueue mainQueue]
29      completionHandler:^(NSURLResponse *response, NSData *data, NSError *error) {
30          if (data) {
31              NSError *json_error = nil;
32              NSDictionary *resp =
33                  [NSJSONSerialization JSONObjectWithData:data
34                      options:NSJSONReadingMutableContainers
35                      error:&json_error];
36              if ([resp objectForKey:@"error"] == nil) {
37                  記事作成成功時の処理
38              }
39  ・
40  ・(以後コード03-05-001の19～26行目と同じ)
41  ・
42  ];
```

コードの内容は以下の通りです。

①1行目

ログインのエンドポイントのアドレスを、NSURL型のオブジェクトに代入します。「your-host」と「pass-to-mt」の部分は、実際のエンドポイントのアドレスに置き換えます。また、「ウェブサイト（またはブログ）のID」は、記事投稿先のウェブサイトまたはブログのIDに置き換えます。

②2〜5行目

記事に対応するNSDictionary型のオブジェクトを作成します。

③6〜13行目

記事のオブジェクトをJSON形式の文字列に変換し（6〜8行目）、URLエンコードします（9〜13行目）。

④14〜15行目

URLエンコード後の文字列を元に、リクエストボディを生成します。

⑤16〜26行目

リクエスト（NSMultableRequest型）のオブジェクトを生成します。メソッドはPOSTにし（20行目）、リクエストヘッダー（21〜25行目）とリクエストボディ（26行目）を設定します。

リクエストヘッダーには、「X-MT-Authorization: MTAuth accessToken=アクセストークン」も付加します（24〜25行目）。なお、変数accessTokenはNSString型で、ログイン処理で得たアクセストークンが代入されているものとします。

⑥27〜29行目

Data APIのリクエストを実行します。リクエストが終了すると、30行目以降の処理に移ります。

⑦30行目

結果のJSONの文字列を受け取れているかどうかを判断します。

⑧31〜35行目

JSONの文字列をNSDictionary型のオブジェクトに変換します。

⑨36〜38行目

オブジェクトに「error」のプロパティがなければ、正しく記事を作成できたと判断して、その際の処理も行います。

●サンプルファイル

iOSからData APIで記事を投稿するサンプルアプリは、サンプルファイルのフォルダの「posttomt_ios」フォルダにあります。このフォルダにある「PostToMT.xcodeproj」ファイルをXCodeで開いた後、ViewController.mファイルの以下の箇所を書き換えると、動作を確認することができます。

① 11行目：自分の環境に合わせて、「your-host」と「path-to-mt」を書き換えます。
② 12行目：自分のユーザー名に合わせて、「your-username」を書き換えます。
③ 13行目：自分のパスワードに合わせて、「your-password」を書き換えます。
④ 14行目：「1」を、投稿先のウェブサイト（またはブログ）のIDに書き換えます。

○ 03-05-04 AndroidアプリからData APIを呼び出す

AndroidアプリからもData APIを呼び出すことができます。

●事前の準備

ここでは、AndroidアプリからHTTPでData APIにアクセスするために、James Smith氏が作られた「Android Asynchronous Http Client」というライブラリを使います。

以下のアドレスからライブラリのjarファイルをダウンロードし、ご自分のプロジェクトに組み込みます。

```
https://github.com/loopj/android-async-http/raw/master/releases/android-async-http-1.4.3.jar
```

また、Javaのクラスのソースコードの先頭の方にコード03-05-004の部分を追加して、必要なクラスを利用できるようにします。

コード03-05-004■クラスのインポート

```
01  import com.loopj.android.http.*;
02  import org.apache.http.Header;
03  import org.apache.http.message.BasicHeader;
04  import org.json.*;
```

●情報の取得

記事一覧などの情報を取得する処理は、コード03-05-005のように書きます。

コード03-05-005■情報の取得

```
01 AsyncHttpClient client = new AsyncHttpClient();
02 String url = "エンドポイントのアドレス";
03 client.get(url, new JsonHttpResponseHandler() {
04         @Override
05         public void onSuccess(JSONObject res) {
06             try {
07                 取得した情報を処理
08             }
09             catch (JSONException e1) {
10                 try {
11                     JSONに「error」のプロパティがある場合の処理
12                 }
13                 catch (JSONException e2) {
14                     JSONエラーの処理
15                 }
16             }
17         }
18 
19         @Override
20         public void onFailure(Throwable e, JSONObject res) {
21             通信エラーの処理
22         }
23 });
```

コードの内容は以下の通りです。

①1行目

AsyncHttpClientクラスのオブジェクトを生成します。

②2行目

エンドポイントのアドレスを変数に代入します。「エンドポイントのアドレス」は、実際のアドレスに置き換えます。

③3行目

Data APIにアクセスして、結果をJsonHttpResponseHandlerクラスのオブジェクトで受け取ります。

④5行目

通信が正常に終わると、onSuccessメソッドが実行され、パラメータとしてJSONのオブジェクトが渡されます。

⑤7行目

JSONの内容に基づいて処理を行います。

⑥9行目

権限等の関係でエラーがあった場合は、7行目の処理の中で例外が発生して、10行目以降に処理が移ります。

⑦11行目

JSONのオブジェクトに「error」のプロパティがある場合は、Movable Typeの権限等の関係でエラーが発生していますので、そのエラーに関する処理を行います。

⑧14行目

JSONの内容が不正な場合のエラー処理を行います。

⑨20〜22行目

通信に失敗したときのエラー処理を行います。

● ログイン

ログインしてアクセストークンを得る処理は、コード03-05-006のように書きます。

コード03-05-006■ログインの処理

```
01 AsyncHttpClient client = new AsyncHttpClient();
02 RequestParams params = new RequestParams();
03 params.put("username", ユーザー名);
04 params.put("password", パスワード);
05 params.put("clientId", "example");
06 String url = "http://your-host/path-to-mt/mt-data-api.cgi/v1/authentication";
07 client.post(url, params, new JsonHttpResponseHandler() {
08         @Override
09         public void onSuccess(JSONObject res) {
10             try {
11                 accessToken = res.getString("accessToken");
12                 ログイン成功時の処理
13             }
14 ・
15 ・(これ以後はコード03-05-005の9行目以降と同じ)
16 ・
```

コードの内容は以下の通りです。

①1行目

AsyncHttpClientクラスのオブジェクトを生成します。

②2〜5行目

リクエストの際のパラメータ(RequestParamsクラス)のオブジェクトを生成します。4行目の「ユーザー名」と、5行目の「パスワード」は、実際のユーザー名/パスワードに置き換えます。

③6行目

ログインのエンドポイントのアドレスを変数に代入します。

④ 7行目

Data APIにアクセスして、結果をJsonHttpResponseHandlerクラスのオブジェクトで受け取ります。

⑤ 9行目

通信が正常に終わると、onSuccessメソッドが実行され、パラメータとしてJSONのオブジェクトが渡されます。

⑥ 11行目

JSONのオブジェクトからaccessTokenプロパティを取り出し、変数accessTokenに代入します。なお、変数accessTokenはクラスのメンバ変数にしておくと良いでしょう。

● 記事の作成

記事を作成する処理は、コード03-05-007のように書きます。

コード03-05-007 ■記事の作成

```
01 AsyncHttpClient client = new AsyncHttpClient();
02 JSONObject entry = new JSONObject();
03 try {
04         entry.put("title", タイトル);
05         entry.put("body", 本文);
06 } catch (JSONException e) {
07         e.printStackTrace();
08 }
09 RequestParams params = new RequestParams();
10 params.put("entry", entry.toString());
11 Header[] headers = new Header[1];
12 headers[0] = new BasicHeader("X-MT-Authorization",
   "MTAuth accessToken=".concat(accessToken));
13 String url = "http://your-host/path-to-mt/mt-data-api.cgi/v1/sites/
   ブログ(またはウェブサイト)のID/entries";
14 client.post(getBaseContext(), url, headers, params,
   "application/x-www-form-urlencoded", new JsonHttpResponseHandler() {
15         @Override
16         public void onSuccess(JSONObject res) {
17             try {
18                 取得した情報を処理
19             }
20 ・
21 ・(これ以後はコード03-05-005の9行目以降と同じ)
22 ・
```

コードの内容は以下の通りです。

① 1行目

AsyncHttpClientクラスのオブジェクトを生成します。

② 2〜8行目

記事を表すJSONのオブジェクトを生成します。4行目の「タイトル」と、5行目の「本文」は、実際のタイトル／本文に置き換えます。

③ 9〜10行目

リクエストの際のパラメータ（RequestParamsクラス）のオブジェクトを生成します。

④ 11〜12行目

リクエストヘッダーを表すオブジェクト（Headers）を生成し、アクセストークンの情報をセットします。変数accessTokenには、あらかじめアクセストークンが代入されているものとします。

⑤ 13行目

エンドポイントのアドレスを変数に代入します。「ブログ（またはウェブサイトのID）」は、実際のIDに置き換えます。

⑥ 14行目

Data APIにアクセスして、結果をJsonHttpResponseHandlerクラスのオブジェクトで受け取ります。

⑦ 16行目

通信が正常に終わると、onSuccessメソッドが実行され、パラメータとしてJSONのオブジェクトが渡されます。

⑧ 18行目

JSONの内容に応じて、記事作成完了時の処理を行います。

● サンプルファイル

AndroidからData APIで記事を投稿するサンプルアプリは、サンプルファイルのフォルダの「posttomt_android」フォルダにあります。

このサンプルを、Android SDKのEclipseで開くには、以下の手順を取ります。

① [File→New→Project]メニューを選び、「New Project」ダイアログボックスを開きます。
② [Wizards]のツリーで[Android→Android Project from Existing Code]を選び、[Next]ボタンをクリックします（図03-05-004）。
③ 「Import Projects」ダイアログボックスが開きますので、[Browse]ボタンをクリックして、サンプルファイルのあるフォルダを指定します（図03-05-005）。

④[Finish]ボタンをクリックします。

プロジェクトを開いた後、ソースファイルの「MainActivity.java」ファイルを開いて以下の箇所を書き換えると、動作を確認することができます。

① 17行目：自分の環境に合わせて、「your-host」と「path-to-mt」を書き換えます。
② 18行目：自分のユーザー名に合わせて、「your-username」を書き換えます。
③ 19行目：自分のパスワードに合わせて、「your-password」を書き換えます。
④ 20行目：「1」を、投稿先のウェブサイト（またはブログ）のIDに書き換えます。

図03-05-004■「New Project」ダイアログボックス

図03-05-005■サンプルファイルのあるフォルダを指定

03-06　Data APIを使ったWebアプリケーションの作例

この節では、Data APIを使ったWebアプリケーションの作例として、ユーザー参加型のウェブサイトを作ることを取り上げます。

○ 03-06-01 この節で取り上げる例

　この節では、Data APIを活用して、ユーザーが参加してコンテンツ（記事）を投稿できるウェブサイトを作成します。
　Movable Type 6.0には「コミュニティソリューション」という機能が含まれていて、ユーザー参加型のサイトを作ることができます。ただ、コミュニティソリューションはMovable Type 4.xの時代に作られた古いもので、カスタマイズしづらい作りになっています。
　そこで、Movable Type 6.0のData APIを活用して、コミュニティソリューションのような機能を作ってみます。Movable Type 6.0の標準のRainierテーマを元に、コミュニティソリューションと似たサイトになるように、以下の機能を追加します。

①ユーザー登録のページを追加します（図03-06-001）。
②ログインしていない場合は、メインページ／アーカイブページ／記事の各ページの右上に、「ログイン」と「ユーザー登録」のリンクを表示します（図03-06-002）。一方、ログインしたら、ユーザー名と、「ログアウト」「記事の作成」のリンクを表示します（図03-06-003）。
③ログインすると、そのユーザーが作成した記事には、「編集」と「削除」のリンクを表示します（図03-06-004）。
④「記事の作成」や「編集」のリンクがクリックされたときには、記事の作成／編集を行うページを表示し、そこから記事を投稿できるようにします（図03-06-005）。
⑤ログインしていない状態で記事作成のページにアクセスされたときには、「記事を作成／編集するには、ログインが必要です。」というメッセージを表示します（図03-06-006）。
⑥「削除」のリンクがクリックされたときには、その記事を削除します。

　また、上記の各機能は、Data APIのJavaScriptライブラリを利用して作ります（ただし、ユーザー登録のページを除く）。

図03-06-001■ユーザー登録のページ

図03-06-002■ログインしていないときのページ右上の表示

ユーザー登録 | ログイン

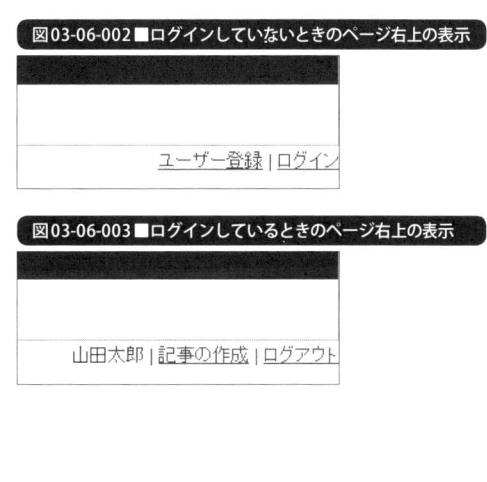

図03-06-003■ログインしているときのページ右上の表示

山田太郎 | 記事の作成 | ログアウト

図03-06-004■ログインしているときのページ右上の表示

ログイン中のユーザー

ログイン中のユーザーの記事に
「編集」と「削除」のリンクを表示

03-06 Data API を使った Web アプリケーションの作例　177

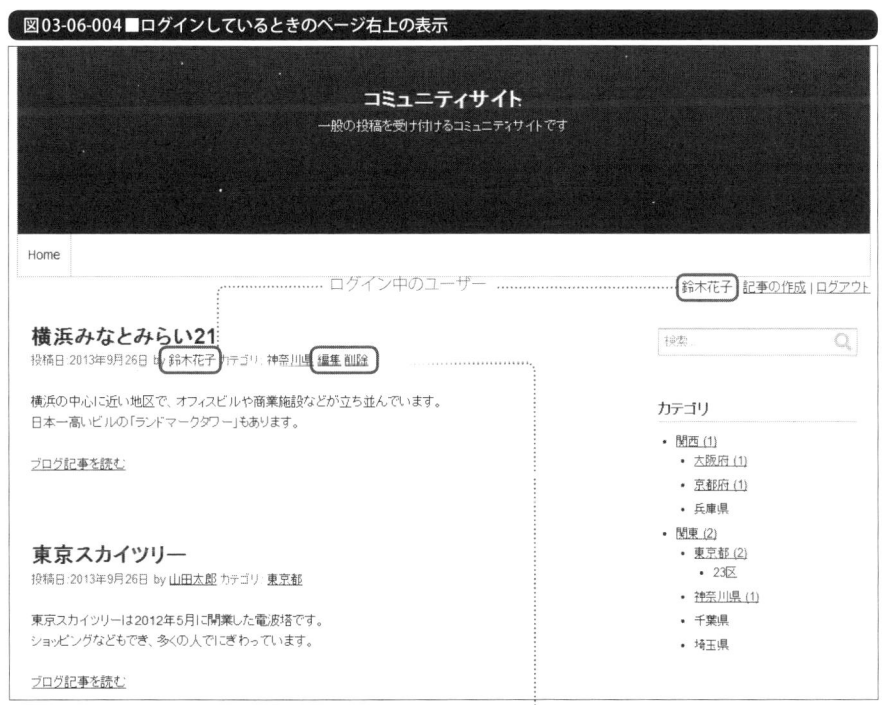

図03-06-005 ■記事の作成／編集を行うページ

図03-06-006 ■ログインしていない状態で記事作成ページにアクセスしたときの表示

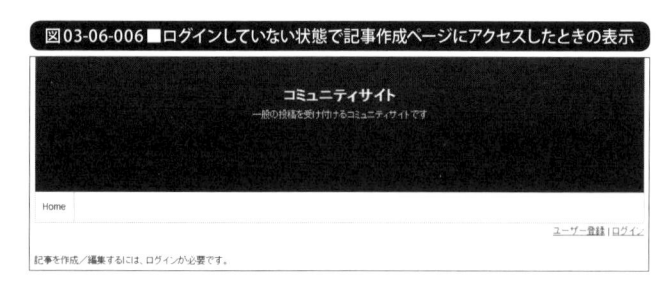

○ 03-06-02 初期設定

テンプレートをカスタマイズしていく前に、まずいくつかの初期設定を行います。

● プラグインのインストール

ここで取り上げる例では、記事を投稿する際に、カテゴリも指定できるようにします。ただ、Data APIの標準の機能では、記事にカテゴリを指定することができません。そこで、Data APIを拡張して、記事にカテゴリを指定することができるプラグインを使います。

プラグインは以下からダウンロードします。

http://www.h-fj.com/mt_plugin/DataAPIEntryCategories_1_01.zip

ダウンロードしたZipファイルを解凍すると、「plugins」と「mt-static」のフォルダができます。これらのフォルダを、Movable Typeのインストール先ディレクトリにアップロードします。

なお、プラグインでData APIを拡張する方法については、以下の記事を参照してください。

http://www.h-fj.com/blog/archives/2013/07/22-084554.php

●ウェブサイト（またはブログ）の作成

コミュニティサイト制作用に、ウェブサイトまたはブログを1つ新規作成します。
ウェブサイトを使う場合は、以下の手順を取ります。

①Movable Typeの左上のメニューで、[ウェブサイトの作成]をクリックします。
②「ウェブサイトの作成」のページが開きますので、[ウェブサイト名]／[ウェブサイトURL]／[ウェブサイトパス]の各項目を適切に設定します。また、[ウェブサイトテーマ]では「Rainier」を選びます（図03-06-007）。

一方、ブログを使う場合は、以下の手順を取ります。

①Movable Typeの左上のメニューで、ブログの作成先のウェブサイトを選びます。[ウェブサイトの作成]をクリックします。
②サイドメニューの[ブログ→新規]を選びます。
③ウェブサイトの場合と同様の手順に、[ブログ名]／[ブログURL]／[ブログパス] の各項目を適切に設定します。また、[ブログテーマ]では「Rainier」を選びます。

なお、この節で紹介するテーマを、サンプルファイルとして公開しています。そちらを使う手順は、後のP.203を参照してください。

図03-06-007■Rainierテーマを選んでウェブサイト(またはブログ)を作成

● 記事のフォーマットの設定

　Movable Typeの管理画面では、記事をWYSIWYGエディタで作成することができ、また必要に応じてWYSIWYGのオン／オフを切り替えることができます。

　ただ、ここで取り上げる例では、公開しているウェブサイト(ブログ)に記事作成のページを作ります。このページにWYSIWYGを組み込むには、複雑なプログラムが必要です。

　そこで、ここでは簡単化のために、WYSIWYGを使わずに「改行を変換」のテキストフォーマットで記事を作ることにします。このテキストフォーマットは、以下の決まりで記事をHTMLに変換します。

①記事中の改行はbrタグに置き換えられます。
②改行のみの空行があるごとに、文章が段落(p要素)に区切られます。

記事のテキストフォーマットを「改行を変換」にするには、以下の手順を取ります。

①サイドメニューの[設定→投稿]メニューを選びます。
②[作成の既定値]にある[テキストフォーマット]の欄で、「改行を変換」を選びます(図03-06-008)。
③[変更を保存]ボタンをクリックして、設定を保存します。

図03-06-008 ■テキストフォーマットを「改行を変換」に設定

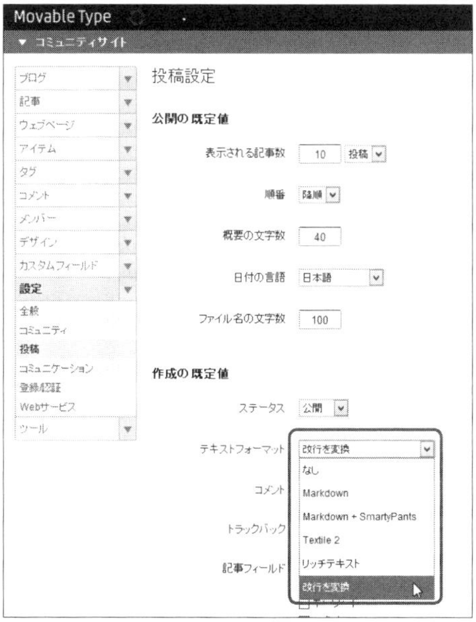

● ユーザー登録の許可

ユーザー参加型のサイトを作るために、ユーザー登録の機能を有効にします。

まず、システムレベルでの設定を行います。手順は以下の通りです。

① 画面左上のメニューで[システム]を選び、システムの管理画面に入ります。

② サイドメニューの[設定→ユーザー]を選びます。

③ [ユーザー登録]の箇所にある[コメント投稿者がMovable Typeに登録することを許可する]のチェックをオンにします。

④ 「システム管理者選択」のリンクをクリックします(図03-06-009)。

⑤ 「システム管理者を選択」のダイアログボックスが開きますので、システム管理者にしたいユーザーのチェックをオンにして、[OK]をクリックします(図03-06-010)。

⑥ 「ユーザー設定」のページに戻りますので、[変更を保存]ボタンをクリックします。

図03-06-009

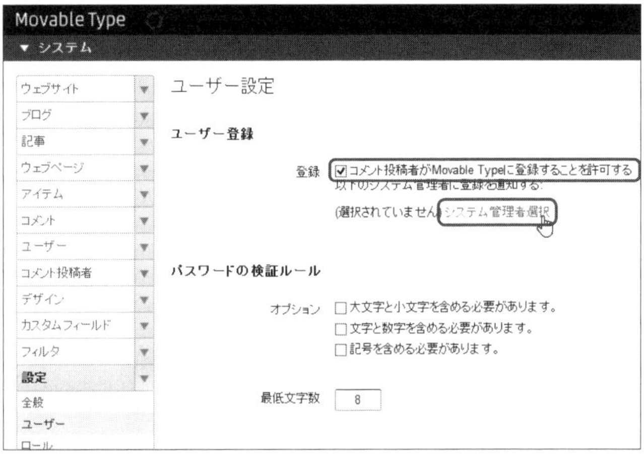

[コメント投稿者が Movable Type に登録することを許可する]のチェックをオンにして、[システム管理者選択]のリンクをクリック

図03-06-010 ■システム管理者を選択

　次に、ユーザー投稿サイト用につくったウェブサイト（またはブログ）で、ユーザー登録を許可します。手順は以下の通りです。

①対象のウェブサイト（またはブログ）のサイドメニューで、[設定→登録/認証]を選びます。
②[ウェブサイトの訪問者が、以下で選択した認証方式でユーザー登録することを許可する]のチェックをオンにします。
③[ロール選択]のリンクをクリックします（図03-06-011）。
④「権限の付与」ダイアログボックスで、新規ユーザーに与える権限（ロール）を選びます。ユーザーが投稿した記事をすぐに公開するなら、「ユーザー」に設定します。一方、管理者が確認してから公開する場合は、「ライター」に設定します（図03-06-012）。
⑤[OK]ボタンをクリックします。
⑥「登録/認証の設定」のページに戻りますので、[変更を保存]ボタンをクリックします。

図03-06-011

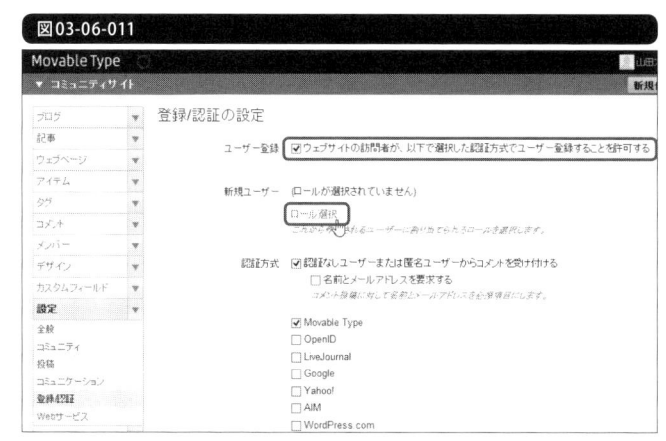

［ウェブサイトの訪問者が、以下で選択した認証方式でユーザー登録することを許可する］のチェックをオンにし、［ロール選択］のリンクをクリック

図03-06-012 ■新規ユーザーのロールの設定

○ 03-06-03 テンプレートの書き換え

　初期設定が終わったら、Rainierテーマの各テンプレートを書き換えて、ユーザーが参加できるような形にしていきます。

　なお、サンプルテーマを使う方は、テーマをインストールしてウェブサイト（ブログ）に適用すればOKです。テーマの使い方は、後のP.203を参照してください。

●ログイン状況に応じて表示を変える

P.176で述べたように、ここで取り上げる事例では、ユーザーがログインしているかどうかに応じて、ページの表示を切り替えます。

この仕組みは、JavaScript（jQuery）で実現します。Data APIでログインしているかどうかを判断して、jQueryのshow／hide関数で表示を切り替えるようにします。

ログインしているときだけ表示したい部分（要素）には、「cur_login」というクラスを指定することにします。一方、ログインしていないときに表示したい要素には、「cur_logout」というクラスを指定することにします。

●ログイン状態の表示

P.177の図03-06-002／図03-06-003のように、ウェブサイト（ブログ）内の各ページには、ログイン状態を表す部分を出力します。

この部分は多くのテンプレートで共有しますので、テンプレートモジュールとして作ります。テンプレートモジュールの名前は「ログイン」にします。

実際のテンプレートモジュールの内容は、コード03-06-001のようになります。前述したように、ログイン状態に応じて表示する／しないを切り替えるために、div要素にcur_login／cur_logoutのクラスを指定しています。

「ログイン」「ログアウト」のリンク（a要素）の処理は、後でJavaScriptで定義します。さらに、ログイン中のユーザー名（3行目のspan要素）も、JavaScriptで表示します。

なお、9行目の「ユーザー登録」のリンクは、Data APIではなく、Movable Type標準のコミュニティ機能のユーザー登録ページを流用しています（本来ならここもData API化したいところですが、プラグインを作る必要があるため、標準機能を流用）。

コード03-06-001■ログイン状態を表示するテンプレートモジュール

```
01  <div id="login_out">
02    <div class="cur_login">
03      <span id="username"></span> |
04      <a href="<$mt:BlogURL$>edit_entry.html" id="create_entry">記事の作成</a> |
05      <a href="#" id="logout">ログアウト</a>
06    </div>
07
08    <div class="cur_logout">
09      <a href="<$mt:CGIPath$><$mt:CommunityScript$>?__
         mode=register&blog_id=<$mt:BlogID$>&return_to=
         <$mt:BlogURL encode_url="1"$>" id="register">
10  ユーザー登録</a> |
11      <a href="#" id="login">ログイン</a>
12    </div>
13  </div>
```

テンプレートモジュールを保存したら、メインページのインデックステンプレートと、ウェブページ／記事／カテゴリ別記事リスト／月別記事リストの各アーカイブテンプレートを書き換えて、「ログイン」テンプレートモジュールを組み込みます。

　ページのヘッダー部分（header要素）とコンテンツ（<div id="content">のdiv要素）の間に、「ログイン」テンプレートモジュールを組み込むMTIncludeタグを追加します（コード03-06-002の11行目）。

コード03-06-002■ヘッダー部分とコンテンツの間に「ログイン」テンプレートモジュールを組み込む

```
01  
02  （以前略）
03  
04      <div id="container-inner">
05        <header id="header" role="banner">
06          <div id="header-inner">
07            <$mt:Include module="バナーヘッダー"$>
08            <$mt:Include module="Navigation"$>
09          </div>
10        </header>
11        <$mt:Include module="ログイン"$>
12        <div id="content">
13          <div id="content-inner">
14  
15  （以後略）
16  
```

●「編集」「削除」のリンクの出力

　ユーザーがログインしている場合、そのユーザーが書いた記事には、「編集」と「削除」のリンクを表示します（P.177の図03-06-004）。

　「編集」のリンクには、以下の3つのクラスを指定します。②の「ユーザーのID」と、③の「記事のID」の部分は、テンプレートタグで出力します（MTEntryAuthorIDタグ／MTEntryIDタグ）。

①edit-entry
②edit-entry-author-ユーザーのID
③edit-entry-記事のID

　ユーザーのIDは、ユーザーごとに「編集」リンクの表示／非表示を切り替えるために使います。また、記事のIDは、編集対象の記事を読み込むために使います。

　同様に、「削除」のリンクには「delete-entry」「delete-entry-author-ユーザーのID」「delete-entry-記事のID」のクラスを指定します。

P.177ページの図03-06-004では、記事の日付等の情報の後に、「編集」と「削除」のリンクを出力しています。この情報を出力する部分は、「記事」アーカイブテンプレートと、「記事の概要」テンプレートモジュールにありますので、それらの箇所を書き換えます（コード03-06-003の9／10行目）。

なお、「編集」「削除」リンクの表示／非表示は、JavaScriptで切り替えます（P.195参照）。

コード03-06-003 ■「記事」アーカイブテンプレート／「記事の概要」テンプレートモジュールの書き換え

```
01 <ul class="asset-meta-list">
02     <li class="asset-meta-list-item">投稿日:<time datetime="<$mt:EntryDate format_
03 name="iso8601"$>" itemprop="datePublished"><$mt:EntryDate format="%x"$></time></
04 li>
05 ・
06 ・(途中略)
07 ・
08 </mt:IfArchiveTypeEnabled>
09     <li class="asset-meta-list-item edit-entry edit-entry-author-
10 <$mt:EntryAuthorID$> edit-entry-<$mt:EntryID$>"><a href="#">編集</a></li>
11     <li class="asset-meta-list-item delete-entry delete-entry-author-
12 <$mt:EntryAuthorID$> delete-entry-<$mt:EntryID$>"><a href="#">削除</a></li>
13 </ul>
```

●XSSの防止

この事例では、任意のユーザーが記事を投稿できるようにします。そのようにする場合、悪意あるユーザーがXSS（クロスサイトスクリプティング）を狙った投稿をすることがあり得ます。

そこで、ユーザーが入力したデータを出力する際には、データをサニタイズ（無害化）するなどして、XSSを防ぐことが必要です。この事例では、ユーザーが入力するのは記事のタイトルと本文なので、それらを出力する際にXSSを防ぐ処理をします。

XSSを防ぐ対策として、以下のような方法が挙げられます。

①データに含まれるHTMLをすべて除去する
②データにHTMLが含まれていても、HTMLとして動作しないように、「<」等の文字をエスケープする
③データに含まれるHTMLを構文解析して、サニタイズする

上記の①～③は、それぞれ「remove_html="1"」「encode_html="1"」「sanitize="1"」のグローバルモディファイアで実現することができます。

記事のタイトルでは、HTMLを使うことは通常はありません。そこで、テンプレート内に含まれるMTEntryTitleタグを、すべて以下のように書き換えて、remove_htmlモディファイアを追加します。

```
<$mt:EntryTitle remove_html="1"$>
```

また、記事の本文では、サニタイズして一部のHTMLのみ利用可能にします。そこで、テンプレート内に含まれるMTEntryBodyタグを、すべて以下のように書き換えて、sanitizeモディファイアを追加します。

```
<$mt:EntryBody sanizite="1"$>
```

なお、テンプレート内で特定のテンプレートタグを検索するには、以下の手順を取ります（図03-06-013）。

①サイドメニューで［ツール→検索/置換］を選び、検索のページを開きます。
②ページ上端の方のタブで［テンプレート］をクリックします。
③［検索］の欄に「mt:?タグ名」のように入力します。例えば、MTEntryTitleタグを検索したい場合は、「mt:?entrytitle」と入力します。
④［正規表現］のチェックをオンにします。
⑤［検索］ボタンをクリックします。
⑥見つかったテンプレートが一覧表示されます。テンプレート名をクリックすると、そのテンプレートを編集することができます。

図03-06-013■テンプレートに含まれるMTEntryTitleタグを検索するる

03-06 Data APIを使ったWebアプリケーションの作例

●Data API関連処理用JavaScriptの追加

テンプレートの書き換えの最後として、Data API関連の処理を行うために、JavaScriptを読み込む行を追加します。「メインページ」のインデックステンプレートと、「記事」「ウェブページ」「カテゴリ別記事リスト」「月別記事リスト」の4つのアーカイブテンプレートで、末尾の「</body>」タグの前にコード03-06-004を追加します。

2行目のscript要素では、拙作のプラグイン（P.178参照）のJavaScriptを読み込みます。また、3行目では、このサイトの処理を行うJavaScript（community.js）を読み込みます。community.jsの作成手順と内容は、この後のP.192で解説します。

コード03-06-004■Data API関連処理用JavaScriptの追加

```
01 <script type="text/javascript" src="<$mt:StaticWebPath$>data-api/v1/js/mt-data-
02 api.js"></script>
03 <script type="text/javascript" src="<$mt:StaticWebPath$>plugins/
   DataAPIEntryCategories/js/extension.js"></script>
04 <script type="text/javascript" src="<$mt:BlogURL$>community.js"></script>
```

○03-06-04 記事作成／編集ページの追加

ここで取り上げる例では、一般のユーザーが、ウェブサイト（ブログ）上で記事を作成／編集することができるようにします（P.178の図03-06-005）。

このページは、インデックステンプレートで静的に出力しておきます。そして、既存の記事を編集する際には、Data APIで記事の情報を読み込んで、フォームのタイトル等の欄に情報を設定するようにします。

●インデックステンプレートの作成

まず、インデックステンプレートを1つ作成します。テンプレート名を「記事の編集」にし、出力ファイル名は「edit_entry.html」にします。

次に、メインページのインデックステンプレートの内容をコピーし、今作成したインデックステンプレートに貼り付けます。このテンプレートを修正して、記事作成／編集のフォームを出力するようにします。

●HTMLのヘッダー部分（head要素）の修正

HTMLのヘッダー部分では、ページのタイトルや、FacebookのOGPの情報などを出力しています。この中で、ページのタイトルを出力している箇所を（MTBlogNameタグ）、それらの箇所を以下のように書き換えます。

記事の編集 : <$mt:BlogName・・・$>

なお、「・・・」の部分は、書き換える箇所によって、異なるモディファイアが指定されています。モディファイアはそのまま変更しないようにします。

●JavaScriptの追加

テンプレートの最後（</body>タグの直前）には、Data API関連のJavaScriptを読み込む処理を追加しました（P.188参照）。その部分の前に、コード03-06-005を追加します。

2行目の「edit_page = 1」は、「今開いているページが、記事作成／編集処理のページである」ということを表す行です。ログイン関係の処理をするJavaScript（community.js）で、記事作成／編集ページかどうかを条件判断するのに使います。

また、3行目の「publish = 1」は、記事を保存した後に、その記事を公開することを意味します。この行を以下のように書き換えると、記事を保存してもその場では公開はしないようになります。

```
var publish = 0;
```

初期設定の際に、ユーザーが書いた記事を管理者が後で公開するように設定した場合は（P.182）、3行目を「var publish = 0;」に書き換えておきます。

コード03-06-005■テンプレートの最後に追加するJavaScript

```
01 <script type="text/javascript">
02 var edit_page = 1;
03 var publish = 1;
04 </script>
```

●記事作成／編集フォームの出力

次に、記事作成／編集のフォームを出力するように、テンプレートを書き換えます。

書き換え前のテンプレート（コピーした「メインページ」テンプレート）では、記事の一覧を出力するようになっています。その箇所を削除して、代わりに記事作成／編集のフォームを出力します。

<div id="content-inner">のdivタグと、それと対になる</div>タグの間を削除し、代わりにコード03-06-006の7〜45行目を追加します。

コード03-06-006 ■記事作成／編集フォーム

```
01  ・
02  ・（以前略）
03  ・
04  <$mt:Include module="ログイン"$>
05  <div id="content">
06    <div id="content-inner">
07      <div class="cur_login">
08      <h2 id="page_title">記事の作成</h2>
09      <p id="status_msg"></p>
10      <form id="edit_entry">
11        <div class="form-element">
12          <label for="title">タイトル</label><br />
13          <input type="text" name="title" id="title" class="entry-title" />
14        </div>
15        <div class="form-element">
16          <label for="body">本文</label><br />
17          <textarea type="text" name="body" id="body" class="entry-body"></textarea>
18        </div>
19        <div class="form-element">
20          <label for="categories">カテゴリ</label>
21          <div id="categories">
22          <mt:TopLevelCategories>
23            <mt:SubCatIsFirst><ul></mt:SubCatIsFirst>
24            <li>
25              <input type="checkbox" name="categories"
                   id="category-<$mt:CategoryID$>" value="<$mt:CategoryID$>" />
26              <label for="category-<$mt:CategoryID$>" id="label_<$mt:CategoryID$>">
                   <$mt:CategoryLabel$></label>
27            <$mt:SubCatsRecurse$>
28            </li>
29            <mt:SubCatIsLast></ul></mt:SubCatIsLast>
30          </mt:TopLevelCategories>
31          </div>
32        </div>
33        <div class="form-element">
34          <label for="primary_category">メインカテゴリ</label><br />
35          <select id="primary_category" name="primary_category">
36          </select>
37        </div>
38        <p>
39          <input type="button" id="post" value="送信" />
40        </p>
41      </form>
42      </div>
43      <div class="cur_logout">
44      記事を作成／編集するには、ログインが必要です。
45      </div>
46    </div>
47  </div>
48  <footer id="footer" role="contentinfo">
49    <div id="footer-inner">
50  ・
51  ・（以後略）
52  ・
```

コードの内容は以下の通りです。

① 7行目／42行目

div要素に「cur_login」のクラスを指定して、ログインしているときだけ記事作成／編集フォームを表示するようにします。

② 9行目

既存の記事を読み込んだり、記事を保存したりする際に、Data APIを呼び出します。その時の処理状況を、9行目のp要素に表示するようにします。

③ 11～14行目

記事のタイトルを入力する欄です。

④ 15～18行目

記事の本文を入力する欄です。

⑤ 19～32行目

カテゴリ選択のチェックボックスを出力します。MTTopLevelCategoriesタグを使って、カテゴリの階層が分かるような形で出力します。

⑥ 33～37行目

Movable Typeでは、1つの記事に複数のカテゴリを指定する場合、そのうちの1つを主要なカテゴリ（メインカテゴリ）にし、残りを副カテゴリとして扱うことになっています。そこで、メインカテゴリを選択するためのselect要素を出力します。

なお、select要素の中身は、チェックボックスで選択されたカテゴリに応じて、JavaScriptで動的に変化させるようにします。

⑦ 38～40行目

送信ボタンを出力します。

⑧ 43～45行目

ログインしていないときには、この部分を表示します。

○ 03-06-05 Data API関連の処理を行うJavaScript

次に、Data API関連の処理を行うJavaScriptを作ります。

● JavaScript用のインデックステンプレートの作成

まず、JavaScriptを保存するために、インデックステンプレートを1つ作成します。テンプレート名および出力ファイル名を「community.js」にした後、テンプレートにJavaScriptを入力します。

JavaScriptのソースコードは、サンプルファイルからコピーします。サンプルファイルのフォルダの「rainier_community」→「templates」フォルダにある「community_js.mtml」ファイルをテキストエディタで開き、その内容をコピーして、テンプレートに貼り付けます。

テンプレートを作り終わったら、保存して再構築します。

● JavaScriptの構造

このJavaScriptでは、各種の処理を「FJCom」というオブジェクトにまとめました（コード03-02-031）。状況に応じて、このオブジェクト内の各種のメソッドが実行されます。また、ページが開いた時点で、「init」というメソッドを実行します（コード03-06-007の14行目）。

コード03-06-007 ■ JavaScriptの構造

```
01  var FJCom = {
02      entry_id: null,
03      api: null,
04  
05      // 初期化
06      init: function() {
07          ・・・
08      },
09  
10      ・・・(各種のメソッド)
11  };
12  
13  jQuery(function() {
14      FJCom.init();
15  });
```

● 初期化

ウェブサイト（ブログ）内のページにアクセスがあった時には、まず初期化の処理を行います（コード03-06-008）。

まず、Data APIを初期化します（3〜7行目）。ウェブサイト（ブログ）内のどのページからでもログインできるようにするために、初期化のパラメータとして、sessionPathにブログのトップページの相対アドレスを渡しています（P.138参照）。

8行目の「FJDataAPIEntryCategories.extendEndPoints(FJCom.api);」は、Data APIのオブジェクトに、記事のカテゴリを処理するメソッドを追加する文です。拙作のDataAPIEntryCategoriesプラグインを動作させるために、この処理が必要です。

　初期化が終わったら、ログインしているかどうかの状態を表示します（10行目）。そして、「ログイン」「ログアウト」のリンクがクリックされたときに、それぞれlogin／logoutのメソッドを実行するようにします。

　また、アクセスされたページが記事作成／編集ページである場合（15行目）、その初期化も行います。メッセージを非表示にして、「送信」ボタンが押されたときの処理（postEntryメソッド）と、カテゴリの選択状態が変わった時の処理（changeCategoryメソッド）を設定します。

コード03-06-008■初期化

```
01  init: function() {
02      // Data APIの初期化
03      FJCom.api = new MT.DataAPI({
04          baseUrl: '<$mt:CGIPath$>mt-data-api.cgi',
05          clientId: 'example',
06          sessionPath: '<$mt:BlogRelativeURL$>'
07      });
08      FJDataAPIEntryCategories.extendEndPoints(FJCom.api);
09      // ログイン状態の表示
10      FJCom.displayLoginStatus();
11      // ログイン／ログアウトのリンクの動作を設定
12      jQuery('#login').on('click', FJCom.login);
13      jQuery('#logout').on('click', FJCom.logout);
14      // 記事作成／編集ページの場合の処理
15      if (typeof(edit_page) != 'undefined' && edit_page) {
16          jQuery('#msg').hide();
17          jQuery('#post').on('click', FJCom.postEntry);
18          jQuery('#categories input[type="checkbox"]').on('change',
              FJCom.changeCategory);
19      }
20  },
```

●ログイン

　「ログイン」のリンクがクリックされたときには、ログインの処理を行います（コード03-06-009）。

　「ログイン」のリンクを「ログイン中です」の表示に変えた後（3～5行目）、Data APIのgetTokenメソッドを実行して、ログイン処理を行います。（7行目）。そして、ログインに成功したときには、showUserNameメソッド（P.196参照）を実行して、ログインしたユーザーの名前を表示します（20行目）。

コード03-06-009■ログイン

```
01  login: function() {
02      // 「ログイン」の表示を「ログイン中です」に変える
03      var p = jQuery('#login').parent();
04      jQuery('#login').remove();
05      p.append('<span>ログイン中です...<img src="<$mt:StaticWebPath$>images/
    indicator-login.gif" width="16" /></span>');
06      // ログインする
07      FJCom.api.getToken(function(response) {
08          if (response.error) {
09              // まだログインしていない場合は、ログインページに遷移する
10              if (response.error.code === 401) {
11                  location.href = FJCom.api.getAuthorizationUrl(location.href);
12              }
13              // エラーの場合
14              else {
15                  alert('ログインできませんでした');
16              }
17          }
18          else {
19              // ログインしたユーザーの名前を表示する
20              FJCom.showUserName();
21          }
22      });
23  },
```

● ログアウト

ログアウトのリンクがクリックされたときには、ログアウトの処理を行います（コード03-06-010）。

「ログアウト」のリンクを「ログアウト中です」の表示に変えた後（3～5行目）、Data APIのrevokeAuthenticationメソッドを実行して（7行目）、ログアウトします。そして、ログアウトが完了したら、現在のページをリロードします（14行目）。

コード03-06-010■ログアウト

```
01  logout: function() {
02      // 「ログアウト」の表示を「ログアウト中です」に変える
03      var p = jQuery('#logout').parent();
04      jQuery('#logout').remove();
05      p.append('<span>ログアウト中です...<img src="<$mt:StaticWebPath$>images/indicator-login.gif" width="16" /></span>');
06      // ログアウトする
07      FJCom.api.revokeAuthentication(function(response) {
08          if (response.error) {
09              alert('ログアウトに失敗しました。');
10              return;
11          }
12          else {
13              // ログアウトに成功したら、ページをリロードする
14              location.reload();
15          }
16      });
17  },
```

●ログイン状態の表示

　ページを開いた直後や、ログインの処理が終わった後には、ログイン状態を表示する処理を行います（コード03-06-011）。

　まず、Data APIのgetTokenDataメソッドでアクセストークンを取得し、そこからログインしているかどうかを判断します（3～4行目）。

　ログインしている場合は、以下の処理を順に行います。

①「cur_login」クラスの要素を表示（6行目）
②「cur_logout」クラスの要素を非表示（7行目）
③すべての記事で「編集」「削除」のリンクを非表示（9行目）
④showUserNameメソッドを実行して（P.196参照）、ログインしたユーザーの名前を表示し、またそのユーザーの記事に「編集」「削除」のリンクも表示（11行目）
⑤記事作成／編集ページを開いている場合は、編集する記事を読み込んでフォームに表示（13～15行目）

　一方、ログアウトした場合は、以下の処理を行います。

①「cur_login」クラスの要素を非表示（19行目）
②「cur_logout」クラスの要素を表示（20行目）
③すべての記事で「編集」「削除」のリンクを非表示（21行目）

コード03-06-011■ログイン状態の表示

```
01  displayLoginStatus: function() {
02      // ログインしているかどうかを確認する
03      var tokenData = FJCom.api.getTokenData()
04      if (tokenData && tokenData.accessToken) {
05          // ログイン中の表示に変える
06          jQuery('.cur_login').show();
07          jQuery('.cur_logout').hide();
08          // すべての記事の「編集」「削除」のリンクを非表示にする
09          jQuery('.edit-entry, .delete-entry').hide();
10          // ログインしたユーザーの名前を表示する（そのユーザーの記事の「編集」「削除」のリンクも表示）
11          FJCom.showUserName();
12          // 記事作成／編集ページを開いている場合
13          if (typeof(edit_page) != 'undefined' && edit_page) {
14              FJCom.setEntry();
15          }
16      }
17      else {
18          // ログインしていない場合
19          jQuery('.cur_login').hide();
20          jQuery('.cur_logout').show();
21          jQuery('.edit-entry, .delete-entry').hide();
22      }
23  },
```

●ユーザー名等の表示

ログインしている状態の時は、そのユーザーの名前を表示し、またそのユーザーの記事に「編集」と「削除」のリンクを表示します（コード03-06-012）。

まず、Data APIのgetUserメソッドを使って、ログインしたユーザーのIDと表示名を取得します（3行目）。そして、そのユーザーの名前を、IDが「username」の要素に表示します（13行目）。

次に、「編集」と「削除」のリンクを表示し、それがクリックされたときの動作を設定します。

「編集」のリンクには、「edit-entry-author-ユーザーID」のクラスを付けています（P.185参照）。そこで、このクラスがついている要素を表示します（15／16行目）。そして、このリンクがクリックされたときには、「edit_entry_html?entry_id=記事のID」のアドレスのページに遷移するようにします（17行目）。

同様に、「削除」のリンクには、「delete-entry-author-ユーザーID」のクラスを付けていますので、そのクラスがついている要素がついている要素を表示します（21／22行目）。また、リンクがクリックされたときには、deleteEntryメソッドを実行するようにします。

コード03-06-012■ユーザー名等の表示

```
01  showUserName: function() {
02      // ログインしているユーザーのIDと表示名を得る
03      FJCom.api.getUser('me', { fields: 'id,displayName' }, function(response) {
04          // 情報取得に失敗した場合
05          if (response.error) {
06              jQuery('.cur_login').hide();
07              jQuery('.cur_logout').show();
08              jQuery('.edit-entry, .delete-entry').hide();
09              alert('ユーザー情報の取得に失敗しました。');
10              return;
11          }
12          // ユーザー名の表示
13          jQuery('#username').text(response.displayName);
14          // ログイン中のユーザーが作成した記事に「編集」「削除」のリンクを表示
15          jQuery('.edit-entry-author-' + response.id)
16          .show()
17          .on('click', function() {
18              var entry_id = FJCom.getEntryID(this);
19              location.href = '<$mt:BlogURL$>edit_entry.html?entry_id=' + entry_id;
20          });
21          jQuery('.delete-entry-author-' + response.id)
22          .show()
23          .on('click', function() {
24              FJCom.deleteEntry.apply(this);
25          });
26      });
27  }
```

●記事編集画面の表示

　記事一覧ページ等で「編集」のリンクがクリックされたときには、記事作成／編集のページを開き、対象の記事をフォームで編集できる状態にします（コード03-06-013）。この処理はやや長いので、順を追って解説します。

①記事のIDの取得

　編集対象の記事は、URLの「・・・edit_entry.html?entry_id=数字」のパラメータから得ます。

　URLのパラメータ部分を読み込み（2行目）、その中に「entry_id=数字」が含まれているかどうかを判断します（3行目）。そして、この部分が含まれていたら、FJCom.entry_idプロパティに記事のIDを代入します（5行目）。記事のIDは、後で記事を保存する際にも利用します。

②記事読み込み前の準備

　記事の読み込みには若干時間がかかりますので、「記事の読み込み中です」とメッセージを表示し（7行目）、また読み込みが終わるまでフォームを入力不可にします（8行目）。

③記事を読み込む

　Data APIのgetEntryメソッドを使って、編集対象の記事を読み込みます（11行目）。読み込みをなるべく速くするために、読み込むフィールドをタイトルと本文に限定し、必要な情報だけを読み込みます（10行目）。

④カテゴリを読み込む

　記事の読み込みが終わったら、その記事が属するカテゴリを読み込みます。拙作のプラグインにより、Data APIに「listCategoriesForEntry」というメソッドを追加していますので、そちらを使います（21行目）。

　カテゴリの読み込みにも若干時間がかかりますので、読み込みをなるべく速くするために、読み込むフィールドをIDとラベルに限定します（20行目）。

⑤フォームの設定

　記事とカテゴリを読み込み終わったら、その情報に基づいて、フォームの各入力欄を設定します。

　タイトルと本文をそれぞれの欄に表示し（31～32行目）、記事が属するカテゴリではチェックボックスをオンにします（34～40行目）。また、カテゴリの処理では、メインカテゴリを選択するselectも設定します。

⑥準備完了

　ここまでで記事を編集できる状態になったので、フォームを入力可能にし（42行目）、読み込み中のメッセージを非表示にします（44行目）。

コード03-02-037■記事編集画面の表示

```
01  setEntry: function() {
02      var q = location.search;
03      if (q.match(/entry_id=(\d+)/)) {
04          // 記事のIDを得る
05          FJCom.entry_id = RegExp.$1;
06          // 「記事の読み込み中です」とメッセージを表示し、フォームを入力不可にする
07          jQuery('#status_msg').html('記事の読み込み中です...<img src="<$mt:StaticWebPath$>
              images/indicator-login.gif" width="16" />').show();
08          jQuery('.form-element input, .form-element textarea').attr('disabled',
              'disabled');
09          // 記事を読み込む
10          var params = { fields: 'title,body' };
11          FJCom.api.getEntry(<$mt:BlogID$>, FJCom.entry_id, params, function(entry) {
12              if (entry.error) {
13                  // 記事の読み込みに失敗した場合
14                  jQuery('#status_msg').hide();
15                  alert('記事の読み込みに失敗しました。');
16                  return;
17              }
18              else {
19                  // 記事のカテゴリを読み込む
20                  var params = { fields: 'label,id' };
21                  FJCom.api.listCategoriesForEntry(<$mt:BlogID$>, FJCom.entry_id, params,
                    function(categories) {
23                      if (categories.error) {
```

```
24                    // カテゴリの読み込みに失敗した場合
25                    jQuery('#status_msg').hide();
26                    alert('カテゴリの読み込みに失敗しました。');
27                    return;
28                }
29                else {
30                    // 記事のタイトルと本文をフォームに設定する
31                    jQuery('#title').val(entry.title);
32                    jQuery('#body').val(entry.body);
33                    // 記事のカテゴリのチェックをオンにし、メインカテゴリ選択のselectを設定する
34                    var opt_html, category;
35                    for (var i = 0, j = categories.items.length; i < j; i++) {
36                      category = categories.items[i];
37                      jQuery('#category-' + category.id).attr('checked', true);
38                      opt_html = FJCom.getSelOptionHTML(category.id, category.label, i == 0)
39                      jQuery('#primary_category').append(opt_html);
40                    }
41                    // フォームを入力可能にする
42                    jQuery('.form-element input, .form-element textarea').
                        removeAttr('disabled');
43                    // メッセージを非表示にする
44                    jQuery('#status_msg').hide();
45                }
46            });
47        }
48      });
49    }
50 },
```

●記事の保存

　記事作成／編集ページで「送信」ボタンがクリックされたときには、記事を保存する処理を行います（コード03-06-014）。

　記事の保存には若干時間がかかりますので、フォームを入力不可にし、「記事の保存中です」のメッセージを表示します（3～4行目）。その後、記事を表すオブジェクトを生成し（6～10行目）、そのオブジェクトをData APIに渡して、記事を保存します。

　記事の新規作成／編集は、FJCom.entry_idプロパティに値があるかどうかで判断します（12行目）。既存の記事を編集して保存する場合は、Data APIのupdateEntryメソッドを実行します（13行目）。一方、新規作成した記事を保存する場合は、Data APIのcreateEntryメソッドを実行します（17行目）。また、どちらの場合も、記事を保存したら、後述するsetCategoriesメソッドに処理を移し、記事のカテゴリを保存します。

　なお、記事を保存する際には、いったん非公開の状態で保存します（9行目の「status:'draft'」）。そして、記事のカテゴリを保存し終わった後で、記事を公開します（後のP.201参照）。このようにすることで、記事のページや、それに関連するページ（メインページやアーカイブページ）の再構築を、最後の公開時にまとめて行うことができます。

コード03-06-014■記事の保存

```
01 postEntry: function() {
02     // 記事入力フォームを入力不可にし、「記事の保存中です」のメッセージを表示する
03     jQuery('.form-element input, .form-element textarea').attr('disabled',
        'disabled');
04     jQuery('#status_msg').html('記事の保存中です...<img src="<$mt:StaticWebPath$>
        images/indicator-login.gif" width="16" />').show();
05     // 記事のオブジェクトを生成
06     var entry = {
07         title: jQuery('#title').val(),
08         body: jQuery('#body').val(),
09         status: 'draft'
10     };
11     // 既存の記事の場合は更新処理を行う
12     if (FJCom.entry_id) {
13         FJCom.api.updateEntry(<$mt:BlogID$>, FJCom.entry_id, entry,
            FJCom.setCategories);
14     }
15     // 新規記事の場合は作成処理を行う
16     else {
17         FJCom.api.createEntry(<$mt:BlogID$>, entry, FJCom.setCategories);
18     }
19 },
```

●記事のカテゴリを保存する

記事の保存が終わると、setCategoriesメソッドに処理が進みます。ここで、記事のカテゴリを保存します（コード03-06-015）。

setCategoriesメソッドは、記事の保存が完了したときのコールバックの形にしています。そのため、パラメータのresponseには、保存した記事の情報が入っています。まず、ここから記事のIDを得ます（12行目）。

次に、フォームのカテゴリのチェックボックスから、記事に割り当てるカテゴリのIDを得ます。その情報を元に、記事のカテゴリを表すオブジェクトを生成します（13～28行目）。

そして、記事に割り当てるカテゴリがある場合は（30行目）、拙作プラグインの「attachCategoriesToEntry」というメソッドを実行して、記事のカテゴリを保存します（31行目）。

一方、カテゴリのチェックボックスがすべてオフで、割り当てるカテゴリがない場合は、すでに割り当てているカテゴリを解除するために、拙作プラグインの「detachCategoriesFromEntry」というメソッドを実行します（35行目）。

カテゴリの保存／解除が終わったら、どちらの場合も、後述する「publishEntry」というメソッドに処理を移し、記事を公開します。

コード03-06-015■記事のカテゴリを保存する

```
01  setCategories: function(response) {
02      if (response.error) {
03          // 記事の作成／更新に失敗した場合
04          jQuery('#status_msg').hide();
05          alert('記事の作成に失敗しました');
06          return;
07      }
08      else {
09          // 「記事にカテゴリを割り当てています」のメッセージを表示する
10          jQuery('#status_msg').html('記事にカテゴリを割り当てています...<img src=
              "<$mt:StaticWebPath$>images/indicator-login.gif" width="16" />');
11          // 選択されたカテゴリを元に、Data APIに渡すオブジェクトを生成する
12          FJCom.entry_id = response.id;
13          var categories = [];
14          var cat_checkboxes = jQuery('#categories input');
15          var primary_category_id = jQuery('#primary_category').val();
16          var cat_checkbox, cat_id;
17          for (var i = 0, j = cat_checkboxes.length; i < j; i++) {
18              cat_checkbox = jQuery(cat_checkboxes[i]);
19              cat_id = cat_checkbox.val();
20              if (cat_checkbox.prop('checked')) {
21                  if (cat_id == primary_category_id) {
22                      categories.unshift({ id : cat_id });
23                  }
24                  else {
25                      categories.push({ id: cat_id });
26                  }
27              }
28          }
29          // カテゴリが1つ以上選択されている場合は、記事にカテゴリを割り当てる
30          if (categories.length) {
31              FJCom.api.attachCategoriesToEntry(<$mt:BlogID$>, FJCom.entry_id, categories,
                  FJCom.publishEntry);
32          }
33          // カテゴリが選択されていないときは、記事に割り当てたカテゴリを解除する
34          else {
35              FJCom.api.detachCategoriesFromEntry(<$mt:BlogID$>, FJCom.entry_id,
                  FJCom.publishEntry);
36          }
37      }
38  },
```

● 記事の公開

　ユーザーが投稿した記事をすぐに公開する設定にしている場合（P.182参照）、カテゴリの保存／解除が終わったら、記事を公開します（コード03-06-016）。

　記事のstatusプロパティの値を「publish」にし（15行目）、Data APIのupdateEntryメソッドを実行して（16行目）、記事を公開します。そして、公開に成功したら、「記事を保存しました」というメッセージを表示します（26行目）。

なお、記事をすぐに公開しない設定にしている場合は、「管理者が確認したのちに公開します」のメッセージを表示します（33行目）。

コード03-06-016■記事の公開

```
01 publishEntry: function(response) {
02     if (response.error) {
03         // カテゴリの割り当てに失敗した場合
04         jQuery('#status_msg').hide();
05         alert('記事にカテゴリを割り当てるのを失敗しました。');
06         jQuery('.form-element input, .form-element textarea').removeAttr('disabled');
07         return;
08     }
09     else {
10         // 記事を公開する場合
11         if (publish) {
12             // 「記事を公開しています」のメッセージを表示
13             jQuery('#status_msg').html('記事を公開しています...<img src=
               "<$mt:StaticWebPath$>images/indicator-login.gif" width="16" />');
14             // 記事を公開する
15             var entry = { status: 'publish' };
16             FJCom.api.updateEntry(<$mt:BlogID$>, FJCom.entry_id,
                entry, function(response) {
17                 if (response.error) {
18                     // 記事の公開に失敗した場合
19                     jQuery('#status_msg').hide();
20                     alert('記事の公開に失敗しました。');
21                     jQuery('.form-element input, .form-element textarea').
                        removeAttr('disabled');
22                     return;
23                 }
24                 else {
25                     // 記事の公開に成功した場合
26                     alert('記事を公開しました。\nOKボタンをクリックすると、トップページに移動します。');
27                     location.href = '<$mt:BlogURL$>';
28                 }
29             });
30         }
31         // 記事を公開しない場合
         else {
32             alert('記事を保存しました。管理者が確認したのちに公開します。\nOKボタンをクリックすると、
                トップページに移動します。');
33             location.href = '<$mt:BlogURL$>';
34         }
35     }
36 },
```

●記事の削除

「削除」のリンクがクリックされたときには、対象の記事を削除します（コード03-06-017）。

まず、「削除」のリンクの「delete-entry-○○○」のclass属性から、記事のIDを得ます（3行目）。そして、Data APIのdeleteEntryメソッドを使って、そのIDの記事を削除します（6行目）。

コード03-06-017■記事の削除

```
01  deleteEntry: function() {
02      // 削除する記事のIDを得る
03      var entry_id = FJCom.getEntryID(this);
04      if (confirm('記事を削除します。\nよろしいですか？')) {
05          // 記事を削除する
06          FJCom.api.deleteEntry(<$mt:BlogID$>, entry_id, function(response) {
07              // 削除に失敗した場合
08              if (response.error) {
09                  alert('記事の削除に失敗しました。');
10                  return;
11              }
12              // 削除に成功した場合
13              else {
14                  alert('記事を削除しました。\nOKボタンをクリックすると、トップページに移動します。');
15                  location.href = '<$mt:BlogURL$>';
16              }
17          });
18      }
19  }
```

○03-06-06 サンプルテーマの利用

ここまでのテンプレートの書き換え／追加を行ったテーマを、サンプルファイルとして配布しています。サンプルファイルのフォルダにある「user_community」フォルダが、サンプルのテーマです。

このフォルダを、Movable Typeのインストール先にある「themes」フォルダにアップロードすると、テーマを利用することができる状態になります。

ウェブサイト（またはブログ）を新規作成する際にこのテーマを使うなら、作成の画面の［ウェブサイトテーマ］（または［ブログテーマ］）の欄で、「ユーザー参加型」のテーマを選びます（図03-06-014）。

また、既存のウェブサイト（ブログ）で、テーマを変更する場合は、サイドメニューの［デザイン→テーマ］メニューを選び、テーマ一覧の画面で「ユーザー参加型」のところの［適用］ボタンをクリックします（図03-06-015）。

ただし、すでにカスタマイズしているテーマから、「ユーザー参加型」のテーマに切り替える場合、［ツール→テーマのエクスポート］メニューを選んで、切り替える前に既存のテーマをエクスポートしておく必要があります。エクスポートせずにテーマを切り替えてしまうと、切り替え前の状態に戻すのは非常に困難になります。

図03-06-014 ■ウェブサイト(ブログ)の新規作成時に「ユーザー参加型」のテーマを選ぶ

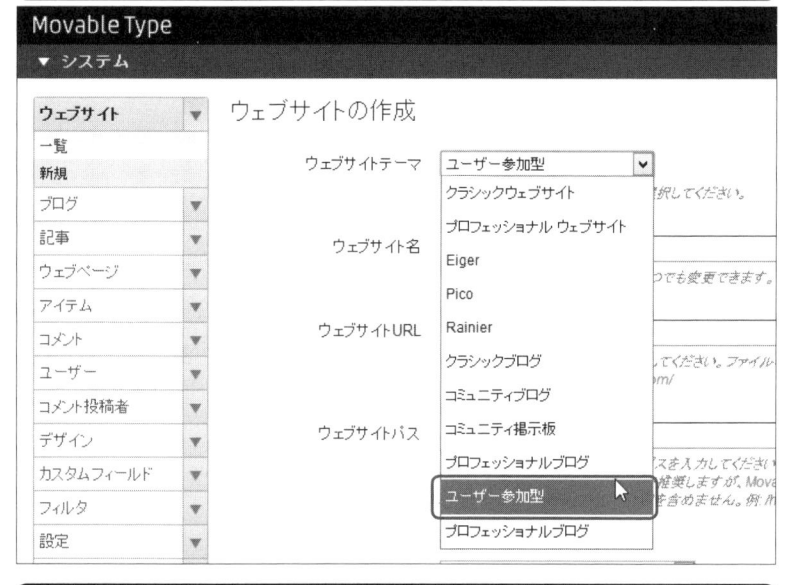

図03-06-015 ■既存のウェブサイト(ブログ)のテーマを「ユーザー参加型」に変える

Chapter 04　実践編：サンプルサイト構築

Chapter 04では、Movable Type 6.0を使ったサンプルサイト「Six Apart のごはんレシピ」（http://makanai.sixapart.jp/）の構築例を紹介します。

04-01　サンプルサイトの概要

このサンプルサイトは、シックス・アパート株式会社でまかないとして毎週出されているレシピをまとめたサイトです。一覧ページにはサムネイルが並び、サムネイルをクリックすると詳細ページに遷移するというシンプルな構成になります。

このサンプルサイトはMovable Type 6.0がクラウド環境にインストールされた「Movable Type クラウド版」(http://www.sixapart.jp/movabletype/cloud/)上で動いています。

○04-01-01　トップページ

トップページは次のようなデザインです(図04-01-001)。

図04-01-001■トップページのデザイン

サムネイル画像、カテゴリ名、レシピ名を一覧で並べて表示させています。

下までスクロールすると追加で情報を読み込んで、一覧で表示されるようになっています。

◯ 04-01-02 詳細ページ

レシピの詳細ページは次のようなデザインです（図04-01-002）。

図04-01-002 ■詳細ページデザイン

メインイメージを大きく見せています。

カテゴリ以外に食材などをタグ付けしてあります。

写真や解説文などいくつかの項目についてはカスタムフィールドを利用しています。

◯ 04-01-03 カテゴリアーカイブ

上段のドロップダウンメニューからカテゴリアーカイブのページへと遷移することができます。

図04-01-003■カテゴリアーカイブデザイン

表示内容はトップページと同様です。

◯ 04-01-04 タグアーカイブ

上段のドロップダウンメニューからタグアーカイブのページへと遷移することができます。

図04-01-004■タグアーカイブデザイン

　タグアーカイブは、そのタグの付いた記事をData APIを利用して検索することで作成しています。

◯04-01-05 検索

上段のキーワード欄に検索ワードを入れると検索ができます。詳細検索のボタンをクリックすると、検索オプションのブロックが表示され、キーワード以外にカテゴリとタグで絞り込んで検索をすることができます。

図04-01-005■検索結果例（キーワード「肉」で検索）

前述のように、検索に関してはmt-search.cgiではなくData APIを利用して検索しています。

04-02　Movable Typeの構成とテンプレートの構成

本節ではMovable Typeの構成と各テンプレートの構成や入力フィールドについて解説していきます。

○ 04-02-01 Movable Typeの構成

　Movable Type 6.0からウェブサイトでも記事（Movable Type 5.xまではブログ記事）を管理することができるようになりました。このため今回のサイトは、ウェブサイト「Six Apartのごはんレシピ」を1つ用意して、そこですべてを管理しています（図04-02-001）。

図04-02-001■ユーザーダッシュボード

○ 04-02-02 テンプレートの構成

各テンプレートの構成を見ていきます。

インデックステンプレートは次のような構成になっています（表04-02-001）。

表04-02-001■インデックステンプレート

名　前	用　途	出力ファイル名
admin.js	MTAppjQuery用のuser.js	admin.js
index_top	トップページ	index.html
load_js	Data API関係のJavaScript	common/js/load.js
search	検索結果ページ、タグアーカイブ	search.html

アーカイブテンプレートは次のような構成になっています（表04-02-002）。

表04-02-002■アーカイブテンプレート

名　前	用　途	マッピング
archive_category	カテゴリアーカイブ	category/sub_category/index.html
archive_entry	個別の記事アーカイブ	archive/%f

テンプレートモジュールは次のような構成になっています（表04-02-003）。

表04-02-003■テンプレートモジュール

名　前	用　途
config	各種設定項目用
mod_category_list	カテゴリリスト用
mod_googletagmanager	Googleタグマネージャー用
mod_header	ヘッダ
mod_header_top	トップページのヘッダ
mod_html_head	htmlのhead部
mod_script	script系の読み込み部分
mod_search	検索フォーム部分
mod_tag_list	タグリスト部分

04-02-03 記事の入力フィールド

記事の入力フィールドは次のようになっています（表04-02-004）。

表04-02-004■記事の入力フィールド

名　前	種　類	MTタグ
レシピ名	タイトル	mt:EntryTitle
カテゴリ	カテゴリ	mt:EntryCategories等
タグ	タグ	mt:EntryTags等
作り方	本文	mt:EntryBody
コメント（メイン写真下）	概要	mt:EntryExcerpt

●記事のカスタムフィールド

カスタムフィールドで追加したフィールドは次のようになっています(表04-02-005)。

表04-02-005■カスタムフィールドで追加したフィールド

名　前	種　類	basename	MTタグ
メイン写真	カスタムフィールド(画像)	imgmain	mt:ImgMain
一覧サムネイル写真	カスタムフィールド(画像)	imgthumbnail	mt:ImgThumbnail
材料	カスタムフィールド(複数行テキスト)	txtingredient	mt:TxtIngredient
所要時間	カスタムフィールド(複数行テキスト)	txttime	mt:TxtTime
難易度	カスタムフィールド(ドロップダウン)	txtlevel	mt:TxtLevel

これらの入力フィールドを用意した管理画面が次のようになります(図04-02-002)。

図04-02-002■ブログ記事入力画面

材料の入力欄は複数行テキストのカスタムフィールドですが、MTAppjQueryプラグインの機能を利用して、1行ごとに項目を入力でき、さらにドラッグアンドドロップで順番を並べ替えられるようにカスタマイズしています。

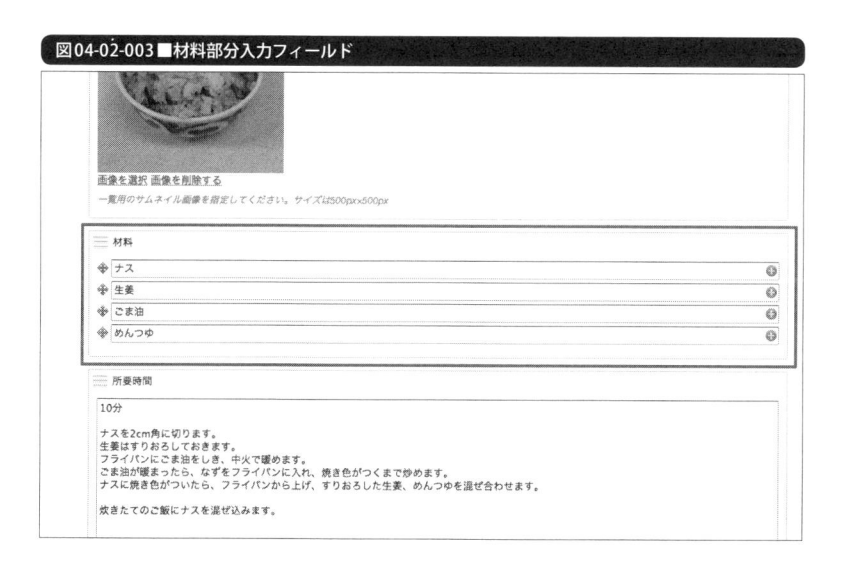

図04-02-003■材料部分入力フィールド

MTAppjQueryプラグインの詳細については本書では解説しませんが、サイト（http://bit-part.net/）やドキュメント（http://bitpart.thebase.in/）を参考にしてください。

○04-02-04 カテゴリの入力フィールド

カテゴリについてはカテゴリ名とカテゴリのbasenameの他に、一覧ページや詳細ページで表示されるカテゴリのラベルの色を指定するためにカスタムフィールドを追加しています（表04-02-006、図04-02-004）。

表04-02-006■カテゴリのカスタムフィールド

名前	種類	basename	MTタグ
カテゴリカラー	1行テキスト	categorycolor	mt:CategoryColor

図04-02-004■カテゴリ編集画面内、カテゴリカラー選択部分

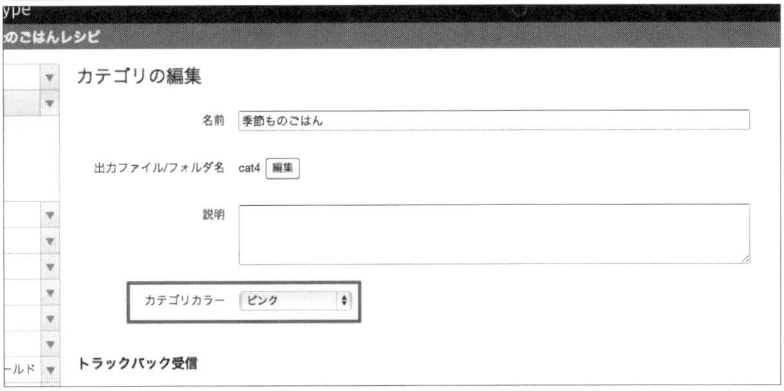

ここもカスタムフィールドの種類は1行テキストなのですが、表示上はドロップダウンになっています。ここについてもMTAppjQueryプラグインでカスタマイズしています。

ドロップダウンの選択項目は「水色」のようになっていますが、値としては「cat1」を持たせるという工夫をしています。

MTAppjQueryプラグインのカスタマイズを記載するuser.js（本サイトではadmin.jsとしています）に以下のようなコードを記載することで実現できます。

コード04-02-001■1行テキストをドロップダウンリストにカスタマイズ

```
if (mtappVars.screen_id === "edit-category") {
    $("#customfield_categorycolor").MTAppDynamicSelect({
        text: '0|選択してください,cat1|水色,cat2|黄緑,cat3|オレンジ,cat4|ピンク,cat5|紫,cat6|青,cat7|緑,cat8|紺',
        separateMode: true
    });
}
```

このコードで、カテゴリカラーをドロップダウンで選択できるようになり、ドロップダウンのラベルと実際に保存する値を別にすることができるようになります。

04-03　各テンプレートの詳細

本節では各テンプレートについて解説していきます。

04-03-01 index_top

トップページのインデックステンプレートです（コード04-03-001）。

コード04-03-001■インデックステンプレート「index_top」

```
01  <mt:Unless name="compress" compress="2">
02  <mt:Include module="config">
03  <mt:Ignore>
04  ==================================================
05  Template Name : index_top
06  Template Type : index / website
07  Required Vars : meta_title, og_type, og_url, og_image, og_description
08  ==================================================
09  </mt:Ignore>
10  
11  <mt:SetVars>
12  meta_title=<mt:WebsiteName>
13  og_type=blog
14  og_url=<mt:WebsiteURL>
15  og_image=/common/images/common/logo.png
16  og_description=<mt:WebsiteDescription remove_html="1" regex_replace="/\n/","">
17  </mt:SetVars>
18  
19  <mt:Include module="mod_html_head">
20  <body id="topPage" class="headerBg">
21  <mt:Include module="mod_googletagmanager">
22      <div class="wrapper">
23  <mt:Include module="mod_header_top">
24  <mt:Include module="mod_search">
25  
26      <div class="profileBlock">
27          <div class="description"><p><mt:WebsiteDescription></p></div>
28          <div class="prof">
29          <div class="profPic"><img src="/common/images/common/makanai_sato_prof.png" alt="佐藤さん"></div>
30              <div class="profTxt">
31                  <div class="profTitle">佐藤さんのプロフィール</div>
32                  <dl>
33                  <dt>佐藤さん</dt>
34                  <dd>シックス・アパート株式会社勤務。シェフではなくエンジニア。弁当男子社員として、NHK「サラメシ」で取り上げられた経験を持つ、社内一の料理男子。まかないごはんのために、「ごはん」を美味しく食べられるメニューを日々研究中。愛読誌は『dancyu』。</dd>
```

```
35              </dl>
36          </div>
37        </div>
38    </div>
39
40    <h3 class="h3_title">新着一覧</h3>
41
42    <div id="entries" class="listWrapper">
43      <mt:Entries lastn="$limit_count">
44
45      <div class="list">
46        <mt:Unless name="compress" compress="3">
47        <div class="thum">
48          <a href="<mt:EntryPermalink>">
49            <mt:ImgThumbnailAsset>
50            <img src="<mt:AssetThumbnailURL width="220" square="1">" alt="">
51            </mt:ImgThumbnailAsset>
52            <div class="listDescription">
53              <span class="listDescriptionTxt"><mt:EntryTitle escape="html">
                   </span>
54            </div>
55          </a>
56        </div>
57        </mt:Unless>
58      <mt:EntryPrimaryCategory><p class="listCategory<mt:If tag="CategoryColor">
        <mt:CategoryColor></mt:If>"><a href="/<mt:CategoryBasename>/">
        <mt:CategoryLabel></a></p></mt:EntryPrimaryCategory>
59      </div>
60      </mt:Entries>
61
62      <div id="loadingImg" class="loding" style="display:none;">
        <img src="<mt:Var name="website_url">common/images/common/loding.gif"
        alt=""></div>
63    </div>
64
65    </div>
66 <mt:Include module="mod_script" data_api="1" top="1">
67 </body>
68 </html></mt:Unless>
```

●余分な空行等を削除する

　テンプレート全体を囲っている mt:Unlessタグは（コード 04-03-001の 1行目、68行目）、MTAppjQueryプラグインで追加される compressモディファイアを付けて、出力される HTMLから余分な空行等を削除するためのものです。

コード04-03-002■余分な空行等を削除してHTMLをきれいにする

```
01 <mt:Unless name="compress" compress="2">
   ～略～
02 </mt:Unless>
```

compressモディファイアに設定できる値は次のようになります。

- compress="1":空行を削除します。
- compress="2":空行と行頭のインデントを削除します。
- compress="3":空行と行頭のインデントおよび全ての改行を削除します。

このcompressモディファイアを利用すれば、出力後の改行等を気にせずに見通しの良いテンプレートを書くことができます。

●各ページに必要な変数をセットする

各テンプレートごとに設定する必要があるmeta_titleなど変数をセットしています（コード04-03-001の11～17行目）。

コード04-03-003■各種変数の設定

```
01 <mt:SetVars>
02 meta_title=<mt:WebsiteName>
03 og_type=blog
04 og_url=<mt:WebsiteURL>
05 og_image=/common/images/common/logo.png
06 og_description=<mt:WebsiteDescription remove_html="1" regex_replace="/\n/","">
07 </mt:SetVars>
```

●共通で利用するモジュールを読み込む

テンプレートの各所で、共通で利用する次のようなテンプレートモジュールをincludeしています。

- `<mt:Include module="config">`
- `<mt:Include module="mod_html_head">`
- `<mt:Include module="mod_googletagmanager">`
- `<mt:Include module="mod_header_top">`
- `<mt:Include module="mod_search">`
- `<mt:Include module="mod_script" data_api="1" top="1">`

各モジュールの詳細については後述します。

●サムネイル一覧を表示する

以下の箇所で、初期に表示するサムネイルの一覧を表示しています（43～60行目）。

コード04-03-004■サムネイル一覧を表示する部分

```
01  <mt:Entries lastn="$limit_count">
02
03  <div class="list">
04      <mt:Unless name="compress" compress="3">
05      <div class="thum">
06          <a href="<mt:EntryPermalink>">
07              <mt:ImgThumbnailAsset>
08              <img src="<mt:AssetThumbnailURL width="220" square="1">" alt="">
09              </mt:ImgThumbnailAsset>
10              <div class="listDescription">
11                  <span class="listDescriptionTxt"><mt:EntryTitle escape="html"></span>
12              </div>
13          </a>
14      </div>
15      </mt:Unless>
16  <mt:EntryPrimaryCategory><p class="listCategory<mt:If tag="CategoryColor">
    <mt:CategoryColor></mt:If>"><a href="/<mt:CategoryBasename>/">
    <mt:CategoryLabel></a></p></mt:EntryPrimaryCategory>
17  </div>
18  </mt:Entries>
```

取得する記事数をlastnモディファイアで指定していますが（コード04-03-004の1行目）、そのモディファイアの値に入っている変数limit_countはテンプレートモジュールconfigで設定しています。

サムネイル画像のリンク先は、mt:EntryPermalinkタグを使って個別記事のPermalinkを指定しています（5行目）。

カスタムフィールドで記事に追加した「ImgThumbnail」の内容を mt:ImgThumbnailAssetで取得しています（6～8行目）。サムネイル画像は220pxの正方形にしたいので、mt:AssetThumbnailURLタグに width="220"とsquare="1"の2つのモディファイアを指定して、img要素のsrc属性の値としています（7行目）。

レシピ名についてはmt:EntryTitleタグで表示しています（10行目）。

各サムネイルの上には、色分けしたカテゴリのラベルが表示されています。該当箇所は15行目で、説明の便宜上改行して表示すると次のようになります（コード04-03-005）。

> **コード04-03-005 ■色分けしたカテゴリのラベルを表示**
>
> ```
> 01  <mt:EntryPrimaryCategory>
> 02      <p class="listCategory<mt:If tag="CategoryColor"> <mt:CategoryColor></mt:If>">
> 03          <a href="/<mt:CategoryBasename>/"><mt:CategoryLabel></a>
> 04      </p>
> 05  </mt:EntryPrimaryCategory>
> ```

mt:EntryPrimaryCategoryタグで主カテゴリを取得しています。

カスタムフィールドで追加したカテゴリカラー（CategoryColor）があるかどうかをmt:Ifで判定しています。カテゴリカラーの値がセットされている場合はclassに「<mt:CategoryColor>」を追加しています。これでラベル部分の色がそれぞれのカテゴリによって変わります。

カテゴリのリンク先はカテゴリアーカイブのマッピングにあわせて「/<mt:CategoryBasename>/」とし、リンクのテキストはmt:CategoryLabelタグで表示しています。

○ 04-03-02 load_js

検索や追加読み込みなど、Data API関係のJavaScriptを記述したインデックステンプレートです。詳細はChapter 04-05で解説します。

○ 04-03-03 admin.js

MTAppjQueryプラグインを使って管理画面をカスタマイズするためのJavaScript（jQuery）を記述するインデックステンプレートです。通常はuser.jsとなりますが、https対応のためにadmin.jsとしています（コード04-03-006）。

コード04-03-006■インデックステンプレート「admin.js」

```
01  (function($){
02  /* ======================================
03   * カテゴリの作成・編集
04   * ======================================*/
05  if (mtappVars.screen_id === "edit-category") {
06      $("#customfield_categorycolor").MTAppDynamicSelect({
07          text: '0|選択してください,cat1|水色,cat2|黄緑,cat3|オレンジ,cat4|ピンク,cat5|紫,
                 cat6|青,cat7|緑,cat8|紺',
08          separateMode: true
09      });
10  }
11
12  /* ======================================
13   * 記事の作成・編集
14   * ======================================*/
15  if (mtappVars.screen_id === "edit-entry") {
16      $("#customfield_txtingredient").MTAppLineBreakField();
17      $("#customfield_txtingredient-field").MTAppshowHint({text: "「・」(全角中黒)で始める
         とリストになります"})
18  }
19
20  /* ======================================
21   * テンプレートの作成・編集
22   * ======================================*/
23  if (mtappVars.screen_id.indexOf("edit-template") > -1) {
24      if (mtappVars.author_name !== mtappVars.modified_by) {
25          $.MTAppDialogMsg({
26              title: 'テンプレート編集の警告',
27              content: '<span style="color:red;font-weight:bold;">★★★★★★★★★★★★★
                 ★★★★★★★★<br><br>最終更新者はあなたではありません！！<br><br>★★★★★★★★★★★★
                 ★★★★★★★★</span>',
28              width: 'auto',
29              height: 'auto',
30              modal: true,
31              hideEffect: ''
32          });
33      }
34  }
35  <mt:UserFileAppendText>
36  })(jQuery);
```

各部分を見ていきます。

●カテゴリの作成・編集画面のカスタマイズ

　カテゴリの作成・編集画面において、前述したカテゴリカラーの入力フィールドをカスタマイズした部分です。MTAppjQueryプラグインのMTAppDynamicSelectメソッドを利用しています（コード04-03-006の5～10行目）。

コード04-03-007■カテゴリカラー入力欄のカスタマイズ

```
01  if (mtappVars.screen_id === "edit-category") {
02      $("#customfield_categorycolor").MTAppDynamicSelect({
03          text: '0|選択してください,cat1|水色,cat2|黄緑,cat3|オレンジ,cat4|ピンク,cat5|紫,cat6|青,cat7|緑,cat8|紺',
04          separateMode: true
05      });
06  }
```

●記事の作成・編集画面のカスタマイズ

　記事の作成・編集画面において、材料を入力する概要欄を、MTAppjQueryプラグインのMTAppLineBreakFieldメソッドで前述のようにカスタマイズしています。また、MTAppshowHintメソッドを利用して、図04-03-001のように、マウスオーバーしたときにヒントを表示させるようにしています（コード04-03-006の15～18行目）。

コード04-03-008■概要欄のカスタマイズ

```
01  if (mtappVars.screen_id === "edit-entry") {
02      $("#customfield_txtingredient").MTAppLineBreakField();
03      $("#customfield_txtingredient-field").MTAppshowHint({text: "「・」(全角中黒)で始めるとリストになります"})
04  }
```

図04-03-001■記事編集画面内、入力ヘルプ表示

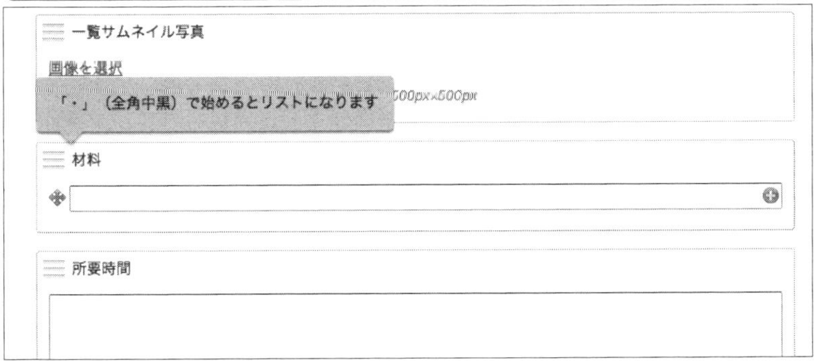

●テンプレートの作成・編集画面のカスタマイズ

テンプレートの最新の更新者が自分か別のメンバーかどうかを判定して、図04-03-002のように、アラートメッセージを表示させます（コード04-03-006の23～34行目）。

コード04-03-009■テンプレートの最新の更新者をチェックする

```
01  if (mtappVars.screen_id.indexOf("edit-template") > -1) {
02    if (mtappVars.author_name !== mtappVars.modified_by) {
03      $.MTAppDialogMsg({
04        title: 'テンプレート編集の警告',
05        content: '<span style="color:red;font-weight:bold;">★★★★★★★★★★★★★★★★★★<br><br>最終更新者はあなたではありません！！<br><br>★★★★★★★★★★★★★★★★★★</span>',
06        width: 'auto',
07        height: 'auto',
08        modal: true,
09        hideEffect: ''
10      });
11    }
12  }
```

図04-03-002■最新編集者のアラート

テンプレートを編集する際、Movable Typeの管理画面ではなく、使い慣れたエディタでテンプレートを編集し、そのコードを管理画面にコピペして保存するという場合がしばしばあります。

Movable Typeにはテンプレートの更新履歴を残す機能があるので、万が一誤って更新してしまっても元に戻すことは可能ですが、前記のコードにより、コピペする前に他の人によって編集されているかどうか気づきやすくなります。

○ 04-03-04 search

サイト内検索、タグアーカイブなどで使用するインデックステンプレートになります。詳細については Chapter 04-04-03「Data APIでの検索」の節で解説します。

○ 04-03-05 archive_category

カテゴリアーカイブのテンプレートです（コード04-03-010）。

コード04-03-010 ■カテゴリアーカイブテンプレート「archive_category」

```
01  <mt:Unless name="compress" compress="2">
02  <mt:Include module="config">
03  <mt:Ignore>
04  ==================================================
05  Template Name : archive_category
06  Template Type : archive_category / website
07  Required Vars : meta_title, og_url, og_image, og_description, limit,
    category_count
08  ==================================================
09  </mt:Ignore>
10
11  <mt:SetVars>
12  meta_title=<mt:CategoryLabel> | <mt:WebsiteName>
13  og_url=<mt:CategoryArchiveLink>
14  og_image=/common/images/common/logo.png
15  og_description=<mt:CategoryLabel>
16  limit=8
17  category_count=<mt:CategoryCount>
18  </mt:SetVars>
19
20  <mt:Include module="mod_html_head">
21  <body id="topPage" class="headerBg">
22  <mt:Include module="mod_googletagmanager">
23      <div class="wrapper">
24  <mt:Include module="mod_header">
25  <mt:Include module="mod_search">
26
27          <h3 class="h3_title"><mt:CategoryLabel>一覧</h3>
28
29          <div id="entries" class="listWrapper">
30              <mt:Entries lastn="$limit_count">
31
32              <div class="list">
33                  <mt:Unless name="compress" compress="3">
34                  <div class="thum">
```

```
35                <a href="<mt:EntryPermalink>">
36                    <mt:ImgThumbnailAsset>
37                        <img src="<mt:AssetThumbnailURL width="220" square="1">" alt="">
38                    </mt:ImgThumbnailAsset>
39                    <div class="listDescription">
40                        <span class="listDescriptionTxt"><mt:EntryTitle escape="html">
                            </span>
41                    </div>
42                </a>
43            </div>
44            </mt:Unless>
45            <mt:EntryPrimaryCategory><p class="listCategory<mt:If tag="CategoryColor">
                <mt:CategoryColor></mt:If>"><a href="/<mt:CategoryBasename>/">
                <mt:CategoryLabel></a></p></mt:EntryPrimaryCategory>
46        </div>
47        </mt:Entries>
48    </div>
49
50    </div>
51    <mt:If name="category_count" gt="$limit">
52        <input type="hidden" name="category" class="params"
            value="<mt:CategoryLabel>">
53    <mt:Else>
54        <input type="hidden" name="bottomLoad" value="false">
55    </mt:If>
56 <mt:Include module="mod_script" data_api="1" top="1">
57 </body>
58 </html></mt:Unless>
```

カテゴリアーカイブも見た目はほぼトップページと同じになります。

index_topテンプレートと同様に、取得する記事数をテンプレートモジュール configで設定された変数 limit_countで指定しています（30行目）。現在の設定値は8件です。

```
<mt:Entries lastn="$limit_count">
```

カテゴリ内の記事数が 8件以上ある場合は追加読み込みが動くようにするために、51～ 55行目のようにしてHTMLにinput:hiddenを書き出しています。

```
<mt:If name="category_count" gt="$limit">
    <input type="hidden" name="category"
      class="params" value="<mt:CategoryLabel>">
<mt:Else>
    <input type="hidden" name="bottomLoad" value="false">
</mt:If>
```

追加読み込みに関しては、56行目でスクリプトを読み込んでいます。詳細についてはChapter 04-04「Data APIでの追加読み込みとサイト検索」の節で解説します。

```
<mt:Include module="mod_script" data_api="1" top="1">
```

04-03-06 archive_entry

個別記事のアーカイブテンプレートです（コード04-03-011）。

コード04-03-011 ■記事アーカイブテンプレート「archive_entry」

```
01  <mt:Unless name="compress" compress="2">
02  <mt:Include module="config">
03  <mt:Ignore>
04  ==================================================
05  Template Name : archive_entry
06  Template Type : archive_entry / website
07  Required Vars : meta_title, og_type, og_url, og_image, og_description
08  ==================================================
09  </mt:Ignore>
10
11  <mt:SetVars>
12  meta_title=<mt:EntryTitle escape="html"> | <mt:WebsiteName>
13  og_type=article
14  og_url=<mt:EntryPermalink>
15  og_image=<mt:ImgThumbnailAsset><mt:AssetThumbnailURL width="400" square="1">
    </mt:ImgThumbnailAsset>
16  og_description=<mt:EntryExcerpt remove="html" regex_replace="/\n/",""/>
17  </mt:SetVars>
18
19  <mt:Include module="mod_html_head">
20  <body id="entryPage" class="headerBg">
21  <mt:Include module="mod_googletagmanager">
22      <div class="wrapper">
23  <mt:Include module="mod_header">
24  <mt:Include module="mod_search">
25
26      <div class="detailWrapper">
27
28          <ul class="categoryList">
29              <mt:EntryCategories compless="3">
30              <li class="<mt:CategoryColor>">
31                  <a href="<mt:CategoryArchiveLink>"><mt:CategoryLabel></a>
32              </li>
33              </mt:EntryCategories>
34              <mt:EntryTags compless="3">
```

```
35          <li>
36          <a href="<mt:Var name="website_url">search.html?tag=<mt:TagLabel>">
             <mt:TagLabel></a>
37          </li>
38          </mt:EntryTags>
39      </ul>
40
41      <h3 class="mainTitle"><mt:EntryTitle escape="html"></h3>
42      <div class="detail">
43          <div class="mainImg"><mt:ImgMainAsset><img src="<mt:AssetURL>" alt="">
             </mt:ImgMainAsset></div>
44          <div class="detailDescription"><mt:EntryExcerpt convert_breaks="1"></div>
45
46          <div class="detailInner">
47              <mt:If tag="txtingredient">
48              <h4>材料</h4>
49              <mt:txtingredient split="\n" setvar="ingredient">
50              <mt:SetVar name="ul_cond" value="close">
51              <mt:Loop name="ingredient">
52                  <mt:If name="__value__" like="^・">
53                      <mt:If name="ul_cond" eq="close">
54                      <ul class="detailUL">
55                      </mt:If>
56                      <li>  <mt:Var name="__value__" regex_replace="/^・/",""></li>
57                      <mt:SetVar name="ul_cond" value="open">
58                  <mt:Else>
59                      <mt:If name="ul_cond" eq="open">
60                      </ul>
61                      </mt:If>
62                      <p class="mb5"><mt:Var name="__value__"></p>
63                  </mt:If>
64              </mt:Loop>
65              <mt:If name="ul_cond" eq="open">
66              </ul>
67              </mt:If>
68              </mt:If>
69
70              <mt:If tag="txttime">
71              <h4>所要時間</h4>
72              <mt:txttime convert_breaks="1">
73              </mt:If>
74
75              <h4>難易度</h4>
76              <mt:SetVar name="stars[1]" value="★☆☆☆☆">
77              <mt:SetVar name="stars[2]" value="★★☆☆☆">
78              <mt:SetVar name="stars[3]" value="★★★☆☆">
79              <mt:SetVar name="stars[4]" value="★★★★☆">
80              <mt:SetVar name="stars[5]" value="★★★★★">
81              <mt:txtlevel setvar="levelcount">
82              <p><mt:Var name="stars[$levelcount]"></p>
83
84              <mt:EntryBody>
85
86          </div>
87
```

```
88          <!-- X:S ZenBackWidget --><script type="text/javascript">
            document.write(unescape("%3Cscript")+" src='http://widget.zenback.jp/?base_
            uri=http%3A//makanai.sixapart.jp/&nsid=1043052596895781953A%3A115687743
            631152774&rand="+Math.ceil((new Date()*1)*Math.random())+"' type='text/
            javascript'"+unescape("%3E%3C/script%3E"));</script><!-- X:E ZenBackWidget
             -->
89
90          </div>
91          <div class="backBtn"><a href="<mt:Var name="website_url">">トップへ戻る</a>
            </div>
92      </div>
93      </div>
94  <mt:Include module="mod_script">
95  </body>
96  </html></mt:Unless>
```

個別記事の詳細ページで、カテゴリとタグをまず表示させています(28〜39行目)。

```
<ul class="categoryList">
    <mt:EntryCategories compless="3">
    <li class="<mt:CategoryColor>">
        <a href="<mt:CategoryArchiveLink>"><mt:CategoryLabel></a>
    </li>
    </mt:EntryCategories>
    <mt:EntryTags compless="3">
    <li>
    <a href="<mt:Var name="website_url">search.html?tag=<mt:TagLabel>"><mt:TagLabel>
     </a>
    </li>
    </mt:EntryTags>
</ul>
```

その後、レシピ名(41行目)とメイン画像(43行目)、レシピの概要(44行目)を表示させます。

```
<h3 class="mainTitle"><mt:EntryTitle escape="html"></h3>
<div class="detail">
   <div class="mainImg"><mt:ImgMainAsset><img src="<mt:AssetURL>" alt="">
    </mt:ImgMainAsset></div>
   <div class="detailDescription"><mt:EntryExcerpt convert_breaks="1"></div>
```

　カスタムフィールドで追加した材料、所要時間、難易度を表示させ(46〜86行目、後述します)、レシピ本文を表示させています(84行目)。

　そして、Zenback(https://zenback.jp/)のサイトで取得したコードを貼り付けています(88行目)。Zenbackは、設置したブログやサイトのRSSから記事内容を解析し、関連記事やソーシャルメディアでの反応、リファラ情報などを、各記事ごとにまとめて表示するサービスです。

```
<!-- X:S ZenBackWidget --><script type="text/javascript">document.
write(unescape("%3Cscript")+" src='http://widget.zenback.jp/?base_uri=http%3A//
makanai.sixapart.jp/&nsid=104305259689578195%3A%3A115687743631152774&rand="+Math.
ceil((new Date()*1)*Math.random())+"' type='text/javascript'"+unescape("%3E%3C/
script%3E"));</script><!-- X:E ZenBackWidget -->
```

以下では、処理が複雑な「材料」を出力する部分(47〜68行目)と「難易度」を出力する部分(75〜82行目)を詳細に見ていきます。

●材料を表示する

前述した入力フィールドのカスタマイズで、材料の各項目は複数行テキストに1項目ずつ改行した値としてセットされています。それを次のコードの部分でp要素やul要素としてHTMLに書き出しています。

コード04-03-012■材料を表示する部分

```
01  <mt:If tag="txtingredient">
02  <h4>材料</h4>
03  <mt:txtingredient split="\n" setvar="ingredient">
04  <mt:SetVar name="ul_cond" value="close">
05  <mt:Loop name="ingredient">
06     <mt:If name="__value__" like="^・">
07        <mt:If name="ul_cond" eq="close">
08        <ul class="detailUL">
09        </mt:If>
10        <li>  <mt:Var name="__value__" regex_replace="/^・/",""></li>
11        <mt:SetVar name="ul_cond" value="open">
12     <mt:Else>
13        <mt:If name="ul_cond" eq="open">
14        </ul>
15        </mt:If>
16        <p class="mb5"><mt:Var name="__value__"></p>
17     </mt:If>
18  </mt:Loop>
19  <mt:If name="ul_cond" eq="open">
20  </ul>
21  </mt:If>
22  </mt:If>
```

まず、3行目で改行を区切り文字として分割して配列にしingredientという変数にセットしています。

splitモディファイアは、MTAppjQueryプラグインで追加されるモディファイアで、モディファイアの値に渡した文字列(ここでは改行を示す「\n」です)を区切り文字として分割して配列にします。

5〜18行目で配列の各値(つまり材料1項目ずつ)をループで取り出しています。

ループが始まる前にul要素の状態を示す変数ul_condの値にcloseをセットしておきます(4行目)。値が「・(中黒)」から始まるかどうかで判定して(6行目)、中黒から始まる場合はli要素で出力するようになっています(10行目)。

中黒から始まる場合は、最初にul要素の状態を見ます。これがcloseである場合、つまりul要素の閉じタグが出力されている場合はul要素の開始タグを出力します（6〜9行目）。

```
<mt:If name="__value__" like="^・">
  <mt:If name="ul_cond" eq="close">
  <ul class="detailUL">
  </mt:If>
```

そしてli要素を出力し、ul要素の開始タグが出力されたことを表すように変数ul_condにopenをセットします（10、11行目）。

```
<li>  <mt:Var name="__value__" regex_replace="/^・/",""></li>
<mt:SetVar name="ul_cond" value="open">
```

中黒から始まる場合以外の処理は以下の部分で記述しています（12〜17行目）。その際、ul要素が開いた状態であればul要素の閉じタグを出力し、ループ中の項目をp要素で出力します。

```
<mt:Else>
  <mt:If name="ul_cond" eq="open">
  </ul>
  </mt:If>
  <p class="mb5"><mt:Var name="__value__"></p>
</mt:If>
```

ループが終わった後にもう一度ul要素の状態を確認し、開いた状態であればul要素の閉じタグを出力します（18〜21行目）。

```
</mt:Loop>
<mt:If name="ul_cond" eq="open">
</ul>
</mt:If>
```

●難易度を表示する

難易度は次の部分で表示しています。

コード04-03-013■難易度を表示する部分

```
01  <h4>難易度</h4>
02  <mt:SetVar name="stars[1]" value="★☆☆☆☆">
03  <mt:SetVar name="stars[2]" value="★★☆☆☆">
04  <mt:SetVar name="stars[3]" value="★★★☆☆">
05  <mt:SetVar name="stars[4]" value="★★★★☆">
06  <mt:SetVar name="stars[5]" value="★★★★★">
07  <mt:txtlevel setvar="levelcount">
08  <p><mt:Var name="stars[$levelcount]"></p>
```

難易度フィールドには、1〜5の数字が保存されていますので、その数字によって★を表示するようにしています。

まず、配列変数starsのインデックス1〜5に、インデックスの数と等しい★をセットします（2〜6行目）。

次に、難易度フィールドの値を変数levelcountにセットします（7行目）。

その変数levelcountを配列のインデックスとして★を出力しています（8行目）。

○ 04-03-07 config

各設定ファイルを記載してあるテンプレートモジュールです（コード04-03-014）。

コード04-03-014■テンプレートモジュール「config」

```
01  <mt:SetVar name="limit_count" value="8">
02  <mt:SetVarBlock name="website_url"><mt:WebsiteURL></mt:SetVarBlock>
```

limit_countはトップページなどの一覧ページで初めに表示しておくレシピの数および追加で読み込むレシピの数をセットしておく変数です。

mt:WebsiteURLは利用頻度が高いので変数website_urlにセットして使い回します。

テンプレート数の多いサイトでは、このような設定モジュールを、ファイルを出力する全てのテンプレートで読み込ませておくと便利です。

○ 04-03-08 mod_category_list

カテゴリの一覧を表示させるテンプレートモジュールです（コード04-03-015）。

コード04-03-015 ■ テンプレートモジュール「mod_category_list」

```
01  <mt:Ignore>
02  ==================================================
03  Template Name : mod_category_list
04  Template Type : module / website
05  Required Vars : -
06  ==================================================
07  </mt:Ignore>
08
09  <mt:SubCategories top="1">
10  <mt:SetVarBlock name="cat_list" function="push"><mt:CategoryID>,<mt:CategoryLabel>,<mt:CategoryArchiveLink></mt:SetVarBlock>
11  </mt:SubCategories>
12
13  <mt:SetVarBlock name="categories_drop_down">
14  <select id="categoriesMenu" class="categorysList">
15      <option value="" selected="selected">--</option>
16  <mt:Loop name="cat_list">
17      <mt:Var name="__value__" split="," setvar="cat">
18      <option value="<mt:Var name="cat[2]">"><mt:Var name="cat[1]"></option>
19  </mt:Loop>
20  </select>
21  </mt:SetVarBlock>
22
23  <mt:SetVarBlock name="categories_search">
24  <ul id="categoriesSearch" class="selectList">
25      <li><input type="radio" name="category" id="cat0" value="未選択" checked>
        <label for="cat0">未選択</label></li>
26  <mt:Loop name="cat_list">
27      <mt:Var name="__value__" split="," setvar="cat">
28      <li><input type="radio" name="category" id="cat<mt:Var name="cat[0]">"
        " value="<mt:Var name="cat[1]">"><label for="cat<mt:Var name="cat[0]">">
        <mt:Var name="cat[1]"></label></li>
29  </mt:Loop>
30  </ul>
31  </mt:SetVarBlock>
```

　カテゴリのループを何度も回さないように、まずcat_listという配列にセットしています。配列の各値は、後に使用する予定のある値をカンマ区切りでセットしています（9〜11行目）。

```
<mt:SubCategories top="1">
<mt:SetVarBlock name="cat_list" function="push"><mt:CategoryID>,<mt:CategoryLabel>,<mt:CategoryArchiveLink></mt:SetVarBlock>
</mt:SubCategories>
```

　なお、カテゴリのラベルにカンマが含まれると不具合が起きるので、ラベルには使わないようにしてください。

●サイト上部のドロップダウンメニュー

サイト上部にあるカテゴリのドロップダウンメニュー部分は、配列 cat_listをループで回して変数 categories_drop_downにセットしています（13～21行目）。

コード04-03-016■サイト上部のドロップダウンメニューをセットする部分

```
01  <mt:SetVarBlock name="categories_drop_down">
02  <select id="categoriesMenu" class="categorysList">
03     <option value="" selected="selected">--</option>
04  <mt:Loop name="cat_list">
05     <mt:Var name="__value__" split="," setvar="cat">
06     <option value="<mt:Var name="cat[2]">"><mt:Var name="cat[1]"></option>
07  </mt:Loop>
08  </select>
09  </mt:SetVarBlock>
```

ループを回す際に、配列の各値を出力する変数 __value__ をsplitモディファイアでカンマで区切ってさらに配列catにしています。

```
<mt:Var name="__value__" split="," setvar="cat">
```

そして、次のようにしてそれぞれの値を1つずつ取り出すことができます。

- `<mt:Var name="cat[0]">` : mt:CategoryIDの値
- `<mt:Var name="cat[1]">` : mt:CategoryLabelの値
- `<mt:Var name="cat[2]">` : mt:CategoryArchiveLinkの値

●詳細検索でカテゴリを絞り込む

詳細検索でカテゴリを絞り込む部分については以下の部分を利用しています（23～31行目）。

コード04-03-017■　詳細検索でカテゴリを絞り込む部分

```
01  <mt:SetVarBlock name="categories_search">
02  <ul id="categoriesSearch" class="selectList">
03     <li><input type="radio" name="category" id="cat0" value="未選択" checked>
        <label for="cat0">未選択</label></li>
04  <mt:Loop name="cat_list">
05     <mt:Var name="__value__" split="," setvar="cat">
06     <li><input type="radio" name="category" id="cat<mt:Var name="cat[0]">
        " value="<mt:Var name="cat[1]">"><label for="cat<mt:Var name="cat[0]">">
        <mt:Var name="cat[1]"></label></li>
07  </mt:Loop>
08  </ul>
09  </mt:SetVarBlock>
```

cat_listの配列をループで回して変数categories_searchにセットしています。変数 __value__ の処理は上記と同様です。

04-03-09 mod_tag_list

タグの一覧を変数にセットしているテンプレートモジュールです（コード04-03-018）。

コード04-03-018■テンプレートモジュール「mod_tag_list」

```
01  <mt:Ignore>
02  ======================================================
03  Template Name : mod_tag_list
04  Template Type : module / website
05  Required Vars : -
06  ======================================================
07  </mt:Ignore>
08
09  <mt:Tags type="entry">
10  <mt:SetVarBlock name="tag_list" function="push"><mt:TagID>,<mt:TagLabel>
    </mt:SetVarBlock>
11  </mt:Tags>
12
13  <mt:SetVarBlock name="tags_drop_down">
14  <select id="tagsMemu" class="tagList">
15      <option value="" selected="selected">--</option>
16  <mt:Loop name="tag_list">
17      <mt:Var name="__value__" split="," setvar="tag">
18      <option value="<mt:Var name="website_url">search.html?tag=<mt:
        Var name="tag[1]">"><mt:Var name="tag[1]"></option>
19  </mt:Loop>
20  </select>
21  </mt:SetVarBlock>
22
23  <mt:SetVarBlock name="tags_search">
24  <ul id="tagsSearch" class="selectList">
25      <li><input type="radio" name="tag" id="tag0" value="未選択" checked>
        <label for="tag0">未選択</label></li>
26  <mt:Loop name="tag_list">
27      <mt:Var name="__value__" split="," setvar="tag">
28      <li><input type="radio" name="tag" id="tag<mt:Var name="tag[0]">"
        value="<mt:Var name="tag[1]">"><label for="tag<mt:Var name="tag[0]">">
        <mt:Var name="tag[1]"></label></li>
29  </mt:Loop>
30  </ul>
31  </mt:SetVarBlock>
```

タグを取得するためのループを何度も回さないためにまず tag_listという配列にセットしています。配列の各値は、後に使用する予定のある値をカンマ区切りでセットしています（9～11行目）。

```
<mt:Tags type="entry">
<mt:SetVarBlock name="tag_list" function="push"><mt:TagID>,<mt:TagLabel></mt:SetVarBlock>
</mt:Tags>
```

●サイト上部のドロップダウンメニュー

サイト上部にあるタグのドロップダウンメニュー部分は、配列 tag_listをループで回して変数 tags_drop_downにセットしています（13～21行目）。

コード04-03-019■サイト上部のドロップダウンメニューをセットする部分

```
01  <mt:SetVarBlock name="tags_drop_down">
02  <select id="tagsMemu" class="tagList">
03      <option value="" selected="selected">--</option>
04  <mt:Loop name="tag_list">
05      <mt:Var name="__value__" split="," setvar="tag">
06      <option value="<mt:Var name="website_url">search.html?tag=<mt:Var name="tag[1]">"><mt:Var name="tag[1]"></option>
07  </mt:Loop>
08  </select>
09  </mt:SetVarBlock>
```

ループを回す際に、配列の各値を出力する変数 __value__ をsplitモディファイアでカンマで区切ってさらに配列tagにしています。

```
<mt:Var name="__value__" split="," setvar="tag">
```

そして、次のようにしてそれぞれの値を1つずつ取り出すことができます。

- `<mt:Var name="tag[0]">` : mt:TagIDの値
- `<mt:Var name="tag[1]">` : mt:TagLabelの値

● 詳細検索でタグを絞り込む

詳細検索でタグを絞り込む部分については以下の部分を利用しています（23～31行目）。

コード04-03-020■詳細検索でカテゴリを絞り込む部分

```
01  <mt:SetVarBlock name="tags_search">
02  <ul id="tagsSearch" class="selectList">
03      <li><input type="radio" name="tag" id="tag0" value="未選択" checked>
        <label for="tag0">未選択</label></li>
04  <mt:Loop name="tag_list">
05      <mt:Var name="__value__" split="," setvar="tag">
06      <li><input type="radio" name="tag" id="tag<mt:Var name="tag[0]">" value="<mt:
        Var name="tag[1]">"><label for="tag<mt:Var name="tag[0]">">
        <mt:Var name="tag[1]"></label></li>
07  </mt:Loop>
08  </ul>
09  </mt:SetVarBlock>
```

tag_listの配列をループで回して変数tags_searchにセットしています。変数__value__の処理は上記と同様です。

04-03-10 mod_googletagmanager

Googleタグマネージャーのコードをセットしてあるテンプレートモジュールです（コード04-03-021）。

コード04-03-021■テンプレートモジュール「mod_googletagmanager」

```
01  <!-- Google Tag Manager -->
02  <noscript><iframe src="//www.googletagmanager.com/ns.html?id=GTM-CWR6"
    height="0" width="0" style="display:none;visibility:hidden"></iframe></noscript>
03  <script>(function(w,d,s,l,i){w[l]=w[l]||[];w[l].push({'gtm.start':
    new Date().getTime(),event:'gtm.js'});var f=d.getElementsByTagName(s)[0],
    j=d.createElement(s),dl=l!='dataLayer'?'&l='+l:'';j.async=true;j.src=
    '//www.googletagmanager.com/gtm.js?id='+i+dl;f.parentNode.insertBefore(j,f);
    })(window,document,'script','dataLayer','GTM-CWR6');</script>
04  <!-- End Google Tag Manager -->
```

04-03-11 mod_header

トップページ以外のヘッダー部分をまとめているテンプレートモジュールです（コード04-03-022）。トップページ以外はメインビジュアルがないので、トップページのテンプレートモジュールとは分けて管理しました。

コード04-03-022■テンプレートモジュール「mod_header」

```
01  <mt:Ignore>
02  ==================================================
03  Template Name : mod_header
04  Template Type : module / website
05  Required Vars : website_url
06  ==================================================
07  </mt:Ignore>
08
09  <header id="header">
10      <div class="logo"><a href="<mt:Var name="website_url">"><img src="<mt:Var name="website_url">common/images/common/logo.png" alt=""></a></div>
11      <div class="mtLogo"><a href="http://www.sixapart.jp/movabletype/news/2013/07/10-1000.html?utm_source=makanai&utm_medium=banner&utm_campaign=makanai_banner"><img src="<mt:Var name="website_url">common/images/common/logo_mt.png" alt=""></a></div>
12  </header>
```

04-03-12 mod_header_top

トップページのヘッダー部分のテンプレートモジュールです（コード04-03-023）。こちらのテンプレートモジュールにはメインビジュアル部分が入っています。

コード04-03-023■テンプレートモジュール「mod_header_top」

```
01  <mt:Ignore>
02  ==================================================
03  Template Name : mod_header_top
04  Template Type : module / website
05  Required Vars : website_url
06  ==================================================
07  </mt:Ignore>
08
09  <div id="TopHeader">
10      <div class="titleImg"><img src="<mt:Var name="website_url">common/images/common/makanai_main.png" alt="<mt:Var name="meta_title">"></div>
11      <div class="topLogo"><img src="<mt:Var name="website_url">common/images/common/logo_top.png" alt="<mt:Var name="meta_title">"></div>
12      <div class="mtLogo"><a href="http://www.sixapart.jp/movabletype/?utm_source=makanai&utm_medium=banner&utm_campaign=makanai_banner" target="_blank"><img src="<mt:Var name="website_url">common/images/common/powered-by-mtcloud.png" alt="Movable Type 6 On Cloud"></a></div>
13  </div>
```

04-03-13 mod_html_head

HTMLのmeta関係などをまとめているテンプレートモジュールです（コード04-03-024）。viewportの設定やOGP関係の設定をしています。

コード04-03-024■テンプレートモジュール「mod_html_head」

```
01  <mt:Ignore>
02  ==================================================
03  Template Name : mod_html_head
04  Template Type : module / website
05  Required Vars : meta_title
06  ==================================================
07  </mt:Ignore>
08  <mt:Include module="config">
09
10  <!DOCTYPE html>
11  <html lang="ja" xml:lang="ja">
12  <head>
13      <meta charset="UTF-8">
14      <meta name="viewport" content="width=device-width,user-scalable=no,
        maximum-scale=1">
15      <meta property="og:title" content="<mt:Var name="meta_title">">
16      <mt:If name="og_type"><meta property="og:type" content="<mt:Var name=
        "og_type">"></mt:If>
17      <mt:If name="og_url"><meta property="og:url" content="<mt:Var name=
        "og_url">"></mt:If>
18      <mt:If name="og_image"><meta property="og:image" content="<mt:Var name=
        "og_image">"></mt:If>
19      <meta property="og:description" content="<mt:Var name="og_description">">
20      <meta property="og:site_name" content="<mt:websitename>">
21      <meta property="fb:app_id" content="">
22      <meta property="fb:admins" content="">
23      <mt:If name="og_url"><link rel="canonical" href="<mt:Var name="og_url">">
        </mt:If>
24      <title><mt:Var name="meta_title"></title>
25      <!--[if lt IE 9]>
26      <script type="text/javascript" src="<mt:Var name="website_url">
        common/js/html5.js"></script>
27      <script src="<mt:Var name="website_url">common/js/css3-mediaqueries.js">
        </script>
28      <![endif]-->
29      <link rel="stylesheet" href="<mt:Var name="website_url">common/css/style.css">
30      <!--[if IE 8 ]>
31      <link rel="stylesheet" type="text/css" href="<mt:Var name="website_url">
32      common/css/ie8.css">
        <![endif]-->
33  </head>
```

04-03-14 mod_script

bodyの閉じタグの直前で読み込むJavaScript類をまとめているテンプレートモジュールです（コード 04-03-025）。

コード04-03-025■テンプレートモジュール「mod_script」

```
01  <mt:Ignore>
02  ==================================================
03  Template Name : mod_script
04  Template Type : module / website
05  Required Vars : website_url
06  ==================================================
07  </mt:Ignore>
08  
09  <script src="<mt:Var name="website_url">common/js/jquery.js"></script>
10  <script src="<mt:Var name="website_url">common/js/jquery.ah-placeholder.js">
    </script>
11  <script src="<mt:Var name="website_url">common/js/script.js"></script>
12  <mt:If name="data_api">
13  <script src="<mt:StaticWebPath>data-api/v1/js/mt-data-api.min.js"></script>
14  </mt:If>
15  <mt:If name="top">
16  <script src="<mt:Var name="website_url">common/js/load.js"></script>
17  </mt:If>
```

このモジュールを読み込む際にdata_api="1"を渡すと、Data APIを簡単に扱うことができるJavaScript SDKを読み込むようにしています。また、top="1"を渡すと、トップページ等で利用するload.jsを読み込みます。

04-03-15 mod_search

カテゴリ、タグのドロップダウン、キーワード検索や詳細検索をまとめているテンプレートモジュールです（コード 04-03-026）。

コード04-03-026■テンプレートモジュール「mod_search」

```
01  <mt:Ignore>
02  ==================================================
03  Template Name : mod_search
04  Template Type : module / website
05  Required Vars : categories_drop_down, tags_drop_down, categories_search, tags_
06  search
07  ==================================================
```

```
08    </mt:Ignore>
09
10    <mt:Include module="mod_category_list">
11    <mt:Include module="mod_tag_list">
12    <form action="<mt:Var name="website_url">search.html" class="searchForm">
13       <div class="searchBlock">
14          <div class="searchInner">
15             <div class="searchCategory slideBtn">カテゴリ
16                <mt:Var name="categories_drop_down">
17             </div>
18             <div class="searchTag slideBtn">タグ
19                <mt:Var name="tags_drop_down">
20             </div>
21             <div class="inputBlock"><input id="text" type="text" name="text" placeholder="キーワード入力"></div>
22             <div class="keyBtn">検索<input id="submit" type="submit" class="searchBtn"></div>
23             <div class="searchMore">詳細検索</div>
24          </div><!-- END searchInner -->
25       </div><!-- END searchBlock -->
26
27       <div id="searchOption" class="categorySelect">
28          <div class="selectBlock">
29             <h4><img src="<mt:Var name="website_url">common/images/common/txt_category_select.png" alt="カテゴリ選択"></h4>
30             <mt:Var name="categories_search">
31          </div><!-- END selectBlock -->
32          <div class="selectBlock">
33             <h4><img src="<mt:Var name="website_url">common/images/common/txt_tag_select.png" alt="タグ選択"></h4>
34             <mt:Var name="tags_search">
35          </div><!-- END selectBlock -->
36          <div class="clearBtn">条件をクリア</div>
37       </div><!-- END categorySelect -->
38    </form>
```

カテゴリ、タグの一覧についてはそれぞれテンプレートモジュールmod_category_list、テンプレートモジュールmod_tag_listで変数にセットしています。

以下が変数を取得している部分です。

```
<mt:Var name="categories_drop_down">

<mt:Var name="tags_drop_down">

<mt:Var name="categories_search">

<mt:Var name="tags_search">
```

04-04　Data APIでの追加読み込みとサイト内検索

サンプルサイトでは、トップページ等の一覧ページで、ページを下までスクロールするとData APIを使って追加で記事を読み込むようになっています。また、サイト内検索もmt-search.cgiではなくData APIで行っています。この節では、この2つの機能の概要を解説します。

04-04-01 load.jsを読み込むテンプレートモジュール「mod_script」

　検索や追加読み込みなどの処理は、Data API関係のJavaScriptを記述したインデックステンプレート「load_js」に記述されています（コード04-04-001）。このload.jsは、テンプレートモジュール「mod_script」で読み込むようになっています。

コード04-04-001■テンプレートモジュール「mod_script」

```
01  <mt:Ignore>
02  ==================================================
03  Template Name : mod_script
04  Template Type : module / website
05  Required Vars : website_url
06  ==================================================
07  </mt:Ignore>
08
09  <script src="<mt:Var name="website_url">common/js/jquery.js"></script>
10  <script src="<mt:Var name="website_url">common/js/jquery.ah-placeholder.js">
    </script>
11  <script src="<mt:Var name="website_url">common/js/script.js"></script>
12  <mt:If name="data_api">
13  <script src="<mt:StaticWebPath>data-api/v1/js/mt-data-api.min.js"></script>
14  </mt:If>
15  <mt:If name="top">
16  <script src="<mt:Var name="website_url">common/js/load.js"></script>
17  </mt:If>
```

　Data APIに関係する部分は12～17行目になります。
　変数data_apiがセットされている場合、Data APIのJavaScript SDKを読み込みます。また、変数topがセットされている場合、Data API関係の処理を記述したload.jsを読み込みます。

したがって、トップページや検索ページ等では、次のようにしてmod_scriptモジュールを読み込み、JavaScript SDKとload.jsを読み込みます。

```
<mt:Include module="mod_script" data_api="1" top="1">
```

追加読み込みとサイト内検索の処理は、インデックステンプレート「load_js」が書き出すload.jsに記載されています。load.jsについては、次節で解説します。

04-04-02 Data APIでの追加読み込み

Data APIでの追加読み込み機能が実装されているページは、トップページ、カテゴリアーカイブ、検索結果（タグアーカイブを含む）です。これらのページでは、前記のようにmod_scriptモジュールを読み込めばload.jsに記載されている処理によって追加読み込みが有効になります。

04-04-03 Data APIでの検索

Data APIを使った検索について解説します。検索結果のテンプレートは次のようになっています（コード04-04-002）。

コード04-04-002■検索結果を表示するインデックステンプレート「search」

```
01 <mt:Unless name="compress" compress="2">
02 <mt:Include module="config">
03 <mt:Ignore>
04 ===================================================
05 Template Name : search
06 Template Type : index / website
07 Required Vars : meta_title, og_type, og_url, og_image, og_description
08 ===================================================
09 </mt:Ignore>
10
11 <mt:SetVars>
12 meta_title=検索結果 | <mt:WebsiteName>
13 og_type=blog
14 og_url=<mt:Var name="website_url">
15 og_image=/common/images/common/logo.png
16 og_description=<mt:WebsiteDescription remove_html="1" regex_replace="/\n/","">
17 </mt:SetVars>
18
19 <mt:Include module="mod_html_head">
```

```
20 <body id="topPage" class="headerBg">
21 <mt:Include module="mod_googletagmanager">
22     <div class="wrapper">
23 <mt:Include module="mod_header">
24 <mt:Include module="mod_search">
25
26         <h3 id="pageTitle" class="h3_title">検索結果</h3>
27
28         <div id="entries" class="listWrapper">
29             <div id="resultMsg"  class="detailDescription"></div>
30             <div id="loadingImg" class="loding" style="display:none;">
                <img src="<mt:Var name="website_url">common/images/common/
                loding.gif" alt=""></div>
31         </div>
32
33     </div>
34     <input type="hidden" name="searchEnable" value="true">
35 <mt:Include module="mod_script" data_api="1" top="1">
36 </body>
37 </html></mt:Unless>
```

　大枠はカテゴリアーカイブと同様で、div#entries内には検索結果のメッセージを表示するdiv#resultMsgとローディング画像のみが入っています（28～31行目）。

　また、検索結果ページであるということを示すために、次のようなinput:hiddenでsearchEnableパラメータの値にtrueを渡すようにしています（34行目）。

```
<input type="hidden" name="searchEnable" value="true">
```

　そして、トップページと同様に、次のようにしてData APIを使用する形でmod_scriptモジュールを読み込んでいます（35行目）。

```
<mt:Include module="mod_script" data_api="1" top="1">
```

04-05　Data APIを使った追加読み込みとサイト内検索を実装する「load.js」

サンプルサイトで実装されている追加読み込みとサイト内検索は、インデックステンプレート「load_js」で書き出されるload.jsに記載されています。本節では、このload.jsについて解説します。

○04-05-01　インデックステンプレート「load_js」

インデックステンプレート「load_js」は次のコード04-05-001のようになっています。

コード04-05-001■インデックステンプレート「load.js」

```
01  <mt:Unless name="compress" regex_replace="/ +\/\/ .*$/mg","" compress="3">
02  <mt:Ignore>
03  ==================================================
04  Template Name : load_js
05  Template Type : index / website
06  Required Vars :
07  ==================================================
08  </mt:Ignore>
09  <mt:Include module="config">
10  /*
11  *MT6 demo load.js
12  */
13  (function($){
14      // ノードを事前に取得
15      var $loadingImg = $("#loadingImg");
16      var $resultMsg = $("#resultMsg");
17  
18      // 記事を全部表示し終わったかを示す変数の初期化
19      var loadFinished = false;
20  
21      // 検索結果なしを示す変数の初期化
22      // var noResult = false;
23  
24      <mt:SubCategories top="1" compress="3">
25      <mt:If tag="CategoryColor">
26      <mt:SetVarBlock name="category_colors" function="push">"<mt:CategoryLabel>@<mt:CategoryColor>"</mt:SetVarBlock>
27      </mt:If>
28      <mt:SetVarBlock name="category_links" function="push">"<mt:CategoryLabel>@<$mt:CategoryArchiveLink$>"</mt:SetVarBlock>
29      </mt:SubCategories>
30  
31      // カテゴリカラーをセット
32      var categoryColors = [
```

```
33      <mt:Loop name="category_colors" compress="3">
34          <$mt:Var name="__value__"$><mt:If name="__last__"><mt:Else>,</mt:If>
35      </mt:Loop>
36  ];
37
38  // カテゴリアーカイブリンクをセット
39  var categoryLinks = [
40      <mt:Loop name="category_links" compress="3">
41          <$mt:Var name="__value__"$><mt:If name="__last__"><mt:Else>,</mt:If>
42      </mt:Loop>
43  ];
44
45  // Data API オブジェクトの作成
46  var api = new MT.DataAPI({
47      baseUrl: <mt:CGIPath><mt:Var name= "config.DataAPIScript">,
48      clientId: "BfYMqpO2RzkZepaSh8G2"
49  });
50
51  // Data API に渡すパラメータをセット
52  var params = {
53      status: "Publish",
54      offset: 0,
55      limit: <$mt:Var name="limit_count"$>,
56      fields: "id,title,permalink,customFields,categories,date,assets"
57  };
58
59  // カテゴリ一覧のときにパラメータを追加する
60  if ($("input:hidden.params").length > 0) {
61      $("input:hidden.params").each(function(){
62          params[this.name] = this.value;
63      });
64  }
65
66  // 検索結果ページの場合
67  if ($("input[name='searchEnable']").val() === "true") {
68      if (location.search) {
69          $("#searchOption").show();
70          var searchParams = decodeURIComponent(location.search.replace
              (/^\?/, "")).split("&");
71          var pageTitleItem = {
72              title: "",
73              tag: "",
74              category: ""
75          };
76          var pageTitle = [];
77          for (var i = 0, l = searchParams.length; i < l; i++) {
78              var searchParam = searchParams[i].split("=");
79              if (searchParam[1] === "" || searchParam[1] === "未選択") {
80                  continue;
81              }
82              switch (searchParam[0]) {
83                  case "text":
84                      var _words = searchParam[1].replace("+", " ");
85                      params.search = _words;
```

```
 86                    $("input[name='text']").val(_words);
 87                    pageTitleItem.title = "キーワード「" + _words + "」";
 88                    break;
 89                case "category":
 90                    params.category = searchParam[1];
 91                    $("#categoriesSearch input:radio").each(function(){
 92                        if (this.value === searchParam[1]) {
 93                            $(this).prop("checked", true);
 94                        }
 95                    });
 96                    pageTitleItem.category = "カテゴリ「" + searchParam[1] + "」";
 97                    break;
 98                case "tag":
 99                    params.tag = searchParam[1];
100                    $("#tagsSearch input:radio").each(function(){
101                        if (this.value === searchParam[1]) {
102                            $(this).prop("checked", true);
103                        }
104                    });
105                    pageTitleItem.tag = "タグ「" + searchParam[1] + "」";
106                    break;
107            }
108        }
109        if (pageTitleItem.title) { pageTitle.push(pageTitleItem.title); }
110        if (pageTitleItem.category) { pageTitle.push(pageTitleItem.category); }
111        if (pageTitleItem.tag) { pageTitle.push(pageTitleItem.tag); }
112        getApiEntries (1, params, pageTitle.join(", "));
113    }
114    else {
115        $resultMsg.text("検索条件を指定してください。").show();
116    }
117 }
118 // ページ下までスクロールしたときにData APIで記事を取得
119 var bottomLoad = ($("input[name='bottomLoad']").val() === "false") ? false : true;
120 $(window).on("load scroll", function() {
121    var docHeight = $(document).height();
122    var scrollPos = $(window).height() + $(window).scrollTop();
123    if (bottomLoad && !loadFinished && (docHeight - scrollPos) < 50) {
124        bottomLoad = false;
125        params.offset = params.offset + params.limit;
126        getApiEntries (1, params, "");
127    }
128 });
129
130 // Functions
131 function getApiEntries (siteId, params, pageTitle) {
132    $loadingImg.show().appendTo("#entries");
133    var msg = (pageTitle) ? pageTitle + "に該当するレシピが": "";
134    api.listEntries(siteId, params, function(response) {
135        if (response.error) {
136            var errorMsg = response.error.message ? response.error.message : "";
137            alert("データの取得に失敗しました: " + errorMsg);
138            return;
```

```javascript
        }
        if (response.totalResults === 0) {
            if (pageTitle) {
                $resultMsg.text(msg + "見つかりませんでした。").show();
            }
        }
        else {
            if (params.offset + params.limit >= response.totalResults) {
                loadFinished = true;
            }
            var entriesHtml = [];
            for (var i = 0, l = response.items.length; i < l; i++) {
                entriesHtml.push(setHTML(response.items[i]));
            }
            if (pageTitle) {
                $resultMsg.text(msg + " " + response.totalResults + " 件見つかりました。").show();
            }
            $("#entries").append(entriesHtml.join(""));
            bottomLoad = true;
        }
        $loadingImg.hide();
    });
}

function setHTML (entryData) {
    var assetThumbnailURL = "";
    if (entryData.customFields.length > 0) {
        for (var i = 0, l = entryData.customFields.length; i < l; i++) {
            if (entryData.customFields[i].basename === "imgthumbnail") {
                var _assetId = (entryData.customFields[i].value) ? entryData.customFields[i].value.replace(/<form mt:asset-id="(\d+)".+/g, "$1") : "";
                var y = (entryData.assets.length) ? entryData.assets.length : 0;
                for (var x = 0; x < y; x++) {
                    if (entryData.assets[x].id == _assetId) {
                        assetThumbnailURL = entryData.assets[x].thumbnailUrl;
                    }
                }
            }
        }
    }
    // var assetUrl = (assetThumbnailURL !== "") ? "<mt:Var name="website_url">assets_c/" + entryData.date.replace(/(\d{4})-(\d{2}).+/, "$1/$2/") + assetThumbnailURL : "";
    var partCategorycolor = "";
    for (var i = 0, l = categoryColors.length; i < l; i++) {
        var categoryColor = categoryColors[i].split("@");
        if (categoryColor[1] && categoryColor[0] === entryData.categories[0]) {
            partCategorycolor = " " + categoryColor[1];
        }
    }
    var partcategoryLink = "";
    for (var i = 0, l = categoryLinks.length; i < l; i++) {
        var categoryLink = categoryLinks[i].split("@");
```

```
189                if (categoryLink[1] && categoryLink[0] === entryData.categories[0]) {
190                    partcategoryLink = categoryLink[1];
191                }
192            }
193            return [
194            '<div class="list">',
195               '<div class="thum">',
196                  '<a href="' + entryData.permalink + '">',
197                     '<img src="' + assetThumbnailURL + '" alt="">',
198                     '<div class="listDescription">',
199                        '<span class="listDescriptionTxt">' + entryData.title + '</span>',
200                     '</div>',
201                  '</a>',
202               '</div>',
203               '<p class="listCategory' + partCategorycolor + '">
                  <a href="' + partcategoryLink + '">' + entryData.categories[0] + '</a>
                  </p>',
204            '</div>'
205            ].join("");
206        }
207 })(jQuery);</mt:Unless>
```

では、個別に見ていきましょう。

○ 04-05-02 変数の初期化処理など

load_jsの前半で変数の初期化処理等を行います。

●ノードの事前取得や初期化処理をする

初めに、コードの後半で利用するノード(要素)の取得や変数等の初期化処理を行います。

コード04-05-002■事前準備や初期化処理をする部分

```
01 var $loadingImg = $("#loadingImg");
02 var $resultMsg = $("#resultMsg");
03
04 // 記事を全部表示し終わったかを示す変数の初期化
05 var loadFinished = false;
```

後で直ぐにかつ頻繁に使うノード(要素)を事前に取得しています(1、2行目)。

条件に合う記事を全部表示し終わったかを示す変数loadFinishedを初期化します(5行目)。この変数がtrueになったらページを下までスクロールしても追加読み込みをしないようにしています。

●カテゴリ関係の変数を用意する

Data APIで情報を取得する際の負荷を軽減するために、カテゴリ関係の変数をあらかじめ用意しておきます。

コード04-05-003■カテゴリ関係の変数をセットする部分

```
01  <mt:SubCategories top="1" compress="3">
02  <mt:If tag="CategoryColor">
03  <mt:SetVarBlock name="category_colors" function="push">"<mt:CategoryLabel>@
    <mt:CategoryColor>"</mt:SetVarBlock>
04  </mt:If>
05  <mt:SetVarBlock name="category_links" function="push">"<mt:CategoryLabel>@
    <$mt:CategoryArchiveLink$>"</mt:SetVarBlock>
06  </mt:SubCategories>
07
08  // カテゴリカラーをセット
09  var categoryColors = [
10      <mt:Loop name="category_colors" compress="3">
11      <$mt:Var name="__value__"$><mt:If name="__last__"><mt:Else>,</mt:If>
12      </mt:Loop>
13  ];
14
15  // カテゴリアーカイブリンクをセット
16  var categoryLinks = [
17      <mt:Loop name="category_links" compress="3">
18      <$mt:Var name="__value__"$><mt:If name="__last__"><mt:Else>,</mt:If>
19      </mt:Loop>
20  ];
```

mt:SubCategoriesタグを回して、

・「カテゴリラベル@カスタムフィールドのカテゴリカラー」の形で変数categoryColorsに
・「カテゴリラベル@カテゴリアーカイブへのリンク」の形で変数categoryLinksに

それぞれセットしておきます(1～6行目)。

ここでは後々の利用を考えて「@」を区切り文字としてカテゴリラベルとカラー、リンクURLを結びつけています。JavaScriptの連想配列を利用しないのは、Movable Typeのカテゴリ一覧のドラッグアンドドロップによる並べ替えの順序を確実に保持するためです。今回のサンプルサイトでは、JavaScriptの中でカテゴリの並び順に依存する部分はありませんが、拡張性を考えました。

上記でセットした変数category_colorsとcategory_linksをそれぞれループして値を取り出し、JavaScriptの配列変数categoryColorsとcategoryLinksとして書き出します(9～20行目)。

○04-05-03 Data APIに関する処理

Data APIオブジェクトを作成し、Data APIに渡すパラメータのセットを行います。

●Data APIオブジェクトの作成

Data API のオブジェクトを作成します。これは Data APIを利用するにあたって必須になります。clientIdは任意の文字列です。

コード04-05-004■Data APIオブジェクトを作成する部分

```
01  var api = new MT.DataAPI({
02      baseUrl: <mt:CGIPath><mt:Var name= "config.DataAPIScript">,
03      clientId: "BfYMqpO2RzkZepaSh8G2"
04  });
```

●Data APIに渡すパラメータをセット

Data APIに渡すパラメータをセットします。

コード04-05-005■Data APIに渡すパラメータをセットする部分

```
01  var params = {
02      status: "Publish",
03      offset: 0,
04      limit: <$mt:Var name="limit_count"$>,
05      fields: "id,title,permalink,customFields,categories,date,assets"
06  };
```

statusで取得する記事の公開状態を指定します。"Publish"で公開記事のみを取得できます。

offsetで先頭から除外する記事の数を指定します。ここでは0と明示的に初期化しておきます。

limitで一度に取得する記事の数を指定します。<$mt:Var name="limit_count"$>の値はテンプレートモジュール「config」で設定されています（コード04-03-014参照）。

fieldsで JSONで返ってくるフィールドを指定します。ここで指定できる項目は、Data APIの Quick referenceのResourcesの項（https://github.com/movabletype/Documentation/wiki/Quick-reference#resources）で確認することができます。

●各テンプレート固有のパラメータをセットする

このparamsオブジェクトに各テンプレート固有のパラメータを追加する場合は、HTML上にparamsというクラス名を付けたtypeがhiddenのinput要素（input:hidden.params）をあらかじめ書き出しておくようにします。

例えば、カテゴリ一覧のときは、カテゴリを限定するパラメータが必要なので、HTML上に次のように書き出します。

```
<input type="hidden" name="category" class="params" value="<mt:CategoryLabel>">
```

これらのinput:hidden.paramsのname属性とvalue属性の値をData APIに渡す変数に追加します。

コード04-05-006■input:hidden.paramsから値を取得してparamsに追加する部分

```
01 if ($("input:hidden.params").length > 0) {
02     $("input:hidden.params").each(function(){
03         params[this.name] = this.value;
04     });
05 }
```

○04-05-04 検索結果ページに関する処理

load.jsが読み込まれているページが検索結果ページの場合の処理を説明します。

コード04-05-007■検索結果ページ専用の処理

```
01 if ($("input[name='searchEnable']").val() === "true") {
02     if (location.search) {
03         $("#searchOption").show();
04         var searchParams = decodeURIComponent(location.search.replace(/^\?/, "")).
    split("&");
05         var pageTitleItem = {
06             title: "",
07             tag: "",
08             category: ""
09         };
10         var pageTitle = [];
11         for (var i = 0, l = searchParams.length; i < l; i++) {
12             var searchParam = searchParams[i].split("=");
13             if (searchParam[1] === "未選択") {
14                 continue;
15             }
16             switch (searchParam[0]) {
17                 case "text":
```

```
18                    var _words = searchParam[1].replace("+", " ");
19                    params.search = _words;
20                    $("input[name='text']").val(_words);
21                    if (searchParam[1]) {
22                        pageTitleItem.title = "キーワード「" + _words + "」";
23                    }
24                    break;
25                case "category":
26                    params.category = searchParam[1];
27                    $("#categoriesSearch input:radio").each(function(){
28                        if (this.value === searchParam[1]) {
29                            $(this).prop("checked", true);
30                        }
31                    });
32                    pageTitleItem.category = "カテゴリ「" + searchParam[1] + "」";
33                    break;
34                case "tag":
35                    params.tag = searchParam[1];
36                    $("#tagsSearch input:radio").each(function(){
37                        if (this.value === searchParam[1]) {
38                            $(this).prop("checked", true);
39                        }
40                    });
41                    pageTitleItem.tag = "タグ「" + searchParam[1] + "」";
42                    break;
43            }
44        }
45        if (pageTitleItem.title) { pageTitle.push(pageTitleItem.title); }
46        if (pageTitleItem.category) { pageTitle.push(pageTitleItem.category); }
47        if (pageTitleItem.tag) { pageTitle.push(pageTitleItem.tag); }
48        getApiEntries (1, params, pageTitle.join(", "));
49    }
50    else {
51        $resultMsg.text("検索条件を指定してください。").show();
52    }
53 }
```

● **検索結果ページであるか、URLに検索パラメータが付いているかの判定**

検索結果ページであるかどうかは、次のHTMLのvalueの値がtrueであるかどうかで判定しています。

```
<input type="hidden" name="searchEnable" value="true">
```

この値を次の部分のJavaScriptで取得しています(1行目)。

```
if ($("input[name='searchEnable']").val() === "true") {
    〜〜略 (検索結果ページである場合の処理) 〜〜
}
```

さらに、アクセスされたURLに検索パラメータがあるかどうかで処理を分岐します（2行目、49〜52行目）。

```
if (location.search) {
    〜〜略（URLに検索パラメータが付いている場合の処理）〜〜
}
else {
    $resultMsg.text("検索条件を指定してください。").show();
}
```

● URLに検索パラメータが付いている場合の処理

URLに検索パラメータが付いている場合の処理を説明します。

検索結果ページでは検索オプションのブロックを表示させておきます（3行目）。

```
$("#searchOption").show();
```

URLに付いている検索パラメータを、?を除いた状態で&で区切って配列にして、URLデコードした状態で変数searchParamsにセットします（4行目）。

```
var searchParams = decodeURIComponent(location.search.replace(/^\?/, "")).split("&");
```

検索結果ページに表示するタイトル等を作成するために変数pageTitleItemを定義します（5〜9行目）。

```
var pageTitleItem = {
    title: "",
    tag: "",
    category: ""
};
```

変数searchParamsをループで回し、各項目についてページタイトルにセットしていきます（10〜48行目）。紙面の都合上、各処理の内容は以下のコード中にコメントとして付記します。

コード04-05-008■検索パラメータを処理する部分

```
   // 最終的に表示するページタイトルのための変数を定義します。
01 var pageTitle = [];

   // 検索パラメータの数だけループします。
02 for (var i = 0, l = searchParams.length; i < l; i++) {

      // ループ中の値（パラメータ名=パラメータ値）を=で分割して配列searchParamにセットします。
03    var searchParam = searchParams[i].split("=");

      // パラメータ値（searchParam[1]）が空か「未選択」の場合は次のループにスキップします。
04    if (searchParam[1] === "" || searchParam[1] === "未選択") {
05       continue;
06    }
```

```
        // パラメータ名(searchParam[0])によって処理を分岐します。
07      switch (searchParam[0]) {

            // パラメータ名が「text」のとき、つまり検索キーワードのとき
08          case "text":

                // キーワードを半角スペース区切りで複数入れてある場合、ブラウザの仕様でURL上
                // は+で区切られていることがあります。この+を半角スペースに置換します。
09              var _words = searchParam[1].replace("+", " ");

                // このキーワードをData APIに渡すsearchパラメータにセットします。
10              params.search = _words;

                // キーワードを検索フォームのinput要素に再現します。
11              $("input[name='text']").val(_words);

                // ページタイトルに表示する文言を追加します。
12              pageTitleItem.title = "キーワード「" + _words + "」";
13              break;

            // パラメータ名が「category」のとき、つまりカテゴリによる絞り込みがあるとき
14          case "category":

                // このパラメータ値をData APIに渡すcategoryパラメータにセットします。
15              params.category = searchParam[1];

                // 検索フォームのカテゴリのラジオボタンを再現します。
16              $("#categoriesSearch input:radio").each(function(){
17                  if (this.value === searchParam[1]) {
18                      $(this).prop("checked", true);
19                  }
20              });

                // ページタイトルに表示する文言を追加します。
21              pageTitleItem.category = "カテゴリ「" + searchParam[1] + "」";
22              break;
23          case "tag":

                // このパラメータ値をData APIに渡すtagパラメータにセットします。
24              params.tag = searchParam[1];

                // 検索フォームのタグのラジオボタンを再現します。
25              $("#tagsSearch input:radio").each(function(){
26                  if (this.value === searchParam[1]) {
27                      $(this).prop("checked", true);
28                  }
29              });

                // ページタイトルに表示する文言を追加します。
30              pageTitleItem.tag = "タグ「" + searchParam[1] + "」";
31              break;
32      }
33  }

    // ページタイトルに表示するテキストを配列pageTitleにpushします。
34  if (pageTitleItem.title) { pageTitle.push(pageTitleItem.title); }
```

```
35  if (pageTitleItem.category) { pageTitle.push(pageTitleItem.category); }
36  if (pageTitleItem.tag) { pageTitle.push(pageTitleItem.tag); }

    // 後述するgetApiEntries関数にサイトIDとパラメータ、ページタイトル（「，」で連結）を渡します。
37  getApiEntries (1, params, pageTitle.join(", "));
```

以上が検索結果ページの主要な処理になります。これらの処理でセットしたパラメータを後述するgetApiEntries関数に渡して、条件に合った記事を取得することになります。

○04-05-05 ページを下までスクロールしたときの追加読み込み

ページ下までスクロールしたときにData APIで記事を取得します。

コード04-05-009■追加読み込みを実行する部分

```
01  var bottomLoad = ($("input[name='bottomLoad']").val() === "false") ? false : true;
02  $(window).on("load scroll", function() {
03      var docHeight = $(document).height();
04      var scrollPos = $(window).height() + $(window).scrollTop();
05      if (bottomLoad && !loadFinished && (docHeight - scrollPos) < 50) {
06          bottomLoad = false;
07          params.offset = params.offset + params.limit;
08          getApiEntries (1, params, "");
09      }
10  });
```

カテゴリアーカイブで、そのカテゴリに属する記事数が初期の表示件数よりも少ない場合は、HTML上に次のようなinput要素を書き出すことで追加読み込みを行わないようにしています。

```
<input type="hidden" name="bottomLoad" value="false">
```

これをJavaScriptで取得しているのが1行目です。

```
var bottomLoad = ($("input[name='bottomLoad']").val() === "false") ? false : true;
```

次に、HTMLドキュメント全体の高さ、ウィンドウの大きさ、スクロールの量を、スクロールする度に取得します（2～4行目）。

```
$(window).on("load scroll", function() {
    var docHeight = $(document).height();
    var scrollPos = $(window).height() + $(window).scrollTop();
```

ページ下から50pxの範囲が表示されたらgetApiEntries関数を使って記事を読み込みます（5〜9行目）。

```
if (bottomLoad && !loadFinished && (docHeight - scrollPos) < 50) {
   bottomLoad = false;
   params.offset = params.offset + params.limit;
   getApiEntries (1, params, "");
}
```

ここでbottomLoadにfalseをセットすることで（6行目）、一度追加読み込みが発生した場合はそれが終わるまで追加読み込みを行わないようにしています。loadFinishedがtrueの場合、つまり全記事を取得し終わった場合も読み込みません（5行目）。

また、offsetパラメータにlimit数を加算して、次の追加読み込みに備えます（7行目）。

○ 04-05-06 Data APIで記事を取得してHTMLに表示するgetApiEntries関数

続いて、記事を取得するためのgetApiEntries関数について説明します。

この関数は、Data APIのJavaScript SDKで提供されているapi.listEntriesメソッドと、デモサイト専用のコードをまとめた関数となっています。

コード04-05-010■getApiEntries関数

```
01  function getApiEntries (siteId, params, pageTitle) {
02    $loadingImg.show().appendTo("#entries");
03    var msg = (pageTitle) ? pageTitle + "に該当するレシピが": "";
04    api.listEntries(siteId, params, function(response) {
05      if (response.error) {
06        var errorMsg = response.error.message ? response.error.message : "";
07        alert("データの取得に失敗しました: " + errorMsg);
08        return;
09      }
10      if (response.totalResults === 0) {
11        if (pageTitle) {
12          $resultMsg.text(msg + "見つかりませんでした。").show();
13        }
14      }
15      else {
16        if (params.offset + params.limit >= response.totalResults) {
17          loadFinished = true;
18        }
19        var entriesHtml = [];
20        for (var i = 0, l = response.items.length; i < l; i++) {
21          entriesHtml.push(setHTML(response.items[i]));
22        }
23        if (pageTitle) {
24          $resultMsg.text(msg + " " + response.totalResults +
                " 件見つかりました。").show();
```

```
25        }
26        $("#entries").append(entriesHtml.join(""));
27        bottomLoad = true;
28    }
29    $loadingImg.hide();
30  });
31 }
```

getApiEntries関数は、次の3つの引数を取ります。

- siteId : ウェブサイトIDやブログID
- params : Data APIに渡すパラメータ
- pageTitle : 検索結果ページに表示するページタイトル

siteIdで渡したウェブサイト（またはブログ）からData APIを利用してparamsで指定した条件で記事をJSON形式で取得し、後述するsetHTML関数でHTMLとしてページに表示させます。

getApiEntries関数の解説は紙面の都合上、コードにコメントして付記します（コード04-05-011）。

コード04-05-011■getApiEntries関数の解説（コメント付記）

```
01 function getApiEntries (siteId, params, pageTitle) {

      // ローディング画像を表示させ、検索結果を表示させるdiv#entriesの最後に移動します。
02    $loadingImg.show().appendTo("#entries");

      // 変数msgに検索条件や検索結果を表示する文字列をセットします。
      // 引数のpageTitleがあるときは、その先頭に挿入します。
03    var msg = (pageTitle) ? pageTitle + "に該当するレシピが": "";

      // JavaScript SDKのapi.listEntriesメソッドに、siteIdとparamsを渡して記事を取得します。
04    api.listEntries(siteId, params, function(response) {

      // Data APIからのresponsでエラーがあった場合の処理を記述します。
05    if (response.error) {

        // エラーメッセージを変数errorMsgにセットし、アラートで表示させます。
06      var errorMsg = response.error.message ? response.error.message : "";
07      alert("データの取得に失敗しました: " + errorMsg);
08      return;
09    }

      // 検索結果数がゼロ件の場合は変数msgにその旨をセットして表示します。
10    if (response.totalResults === 0) {
11      if (pageTitle) {
```

```
12              $resultMsg.text(msg + "見つかりませんでした。").show();
13          }
14      }

        // 検索結果数がゼロ以上の場合の処理を記述します。
15      else {

            // params.offsetとparams.limitの合計が、該当する記事の合計以上になる場合は、
            // 変数loadFinishedにtrueをセットして追加読み込みをしないようにします。
16          if (params.offset + params.limit >= response.totalResults) {
17              loadFinished = true;
18          }
            // 検索結果のHTMLをセットするための空の配列変数entriesHtmlを定義します。
19          var entriesHtml = [];

            // response.itemsの数だけループします。
20          for (var i = 0, l = response.items.length; i < l; i++) {

                // response.itemsの中の各記事をsetHTML関数に渡してHTMLを生成し、
                // そのHTMLを変数entriesHtmlに追加していきます。
21              entriesHtml.push(setHTML(response.items[i]));
22          }

            // pageTitle引数が渡された場合は、変数msgに検索結果件数を追記して、ページ上に表示させます。
23          if (pageTitle) {
24              $resultMsg.text(msg + " " + response.totalResults + " 件見つかりました。").show();
25          }

            // 変数entriesHtmlを結合して一つのHTMLにし、div#entriesに追記します。
26          $("#entries").append(entriesHtml.join(""));

            // 再び変数bottomLoadをtrueにして、追加読み込みを有効にします。
27          bottomLoad = true;
28      }

        // ローディング画像を非表示にします。
29      $loadingImg.hide();
30      });
31  }
```

変数entriesHtmlにセットされたものは、

```
$("#entries").append(entriesHtml.join(""));
```

で、div#entriesに追加されます（上記コメント付きコードの26行目）。

04-05-07 Data APIで取得した記事のJSONをHTMLにするsetHTML関数

setHTML関数には、JSONで返ってきた各記事の内容が格納されたオブジェクトを引数entryDataとして渡します。

コード04-05-012■setHTML関数

```javascript
function setHTML (entryData) {
   var assetThumbnailURL = "";
   if (entryData.customFields.length > 0) {
      for (var i = 0, l = entryData.customFields.length; i < l; i++) {
         if (entryData.customFields[i].basename === "imgthumbnail") {
            var _assetId = (entryData.customFields[i].value) ? entryData.
            customFields[i].value.replace(/<form mt:asset-id="(\d+)".+/g, "$1"): "";
            var y = (entryData.assets.length) ? entryData.assets.length : 0;
            for (var x = 0; x < y; x++) {
               if (entryData.assets[x].id == _assetId) {
                  assetThumbnailURL = entryData.assets[x].thumbnailUrl;
               }
            }
         }
      }
   }
   var partCategorycolor = "";
   for (var i = 0, l = categoryColors.length; i < l; i++) {
      var categoryColor = categoryColors[i].split("@");
      if (categoryColor[1] && categoryColor[0] === entryData.categories[0]) {
         partCategorycolor = " " + categoryColor[1];
      }
   }
   var partcategoryLink = "";
   for (var i = 0, l = categoryLinks.length; i < l; i++) {
      var categoryLink = categoryLinks[i].split("@");
      if (categoryLink[1] && categoryLink[0] === entryData.categories[0]) {
         partcategoryLink = categoryLink[1];
      }
   }
   return [
   '<div class="list">',
      '<div class="thum">',
         '<a href="' + entryData.permalink + '">',
            '<img src="' + assetThumbnailURL + '" alt="">',
            '<div class="listDescription">',
               '<span class="listDescriptionTxt">' + entryData.title + '</span>',
            '</div>',
         '</a>',
      '</div>',
      '<p class="listCategory' + partCategorycolor + '">
      <a href="' + partcategoryLink + '">' + entryData.categories[0] + '</a></p>',
   '</div>'
   ].join("");
}
```

Data APIで取得したJSONから記事1つ分のオブジェクトを取り出し、setHTML関数に渡します。

getApiEntries関数で、setHTML関数にオブジェクトを渡しているのが次の部分です。

```
for (var i = 0, l = response.items.length; i < l; i++) {
  // response.itemsの中の各記事をsetHTML関数に渡してHTMLを生成し、
  // そのHTMLを変数entriesHtmlに追加していきます。
  entriesHtml.push(setHTML(response.items[i]));
}
```

setHTML関数の解説は紙面の都合上、コードにコメントして付記します(コード04-05-013)。

コード04-05-013 ■ setHTML関数の解説（コメント付記）

```
01  function setHTML (entryData) {

        // サムネイル画像のURLをセットする変数assetThumbnailURLを初期化します。
02      var assetThumbnailURL = "";

        // 記事にカスタムフィールドが保存されている場合の処理を記述します。
03      if (entryData.customFields.length > 0) {

            // 記事に保存されているカスタムフィールドの数だけループします。
04          for (var i = 0, l = entryData.customFields.length; i < l; i++) {

                // カスタムフィールドのbasenameがimgthumbnailの場合の処理です。
05              if (entryData.customFields[i].basename === "imgthumbnail") {

                    // そのカスタムフィールドの値から正規表現を使ってアイテムのIDを取得し、
                    // 変数_assetIdにセットします。
06                  var _assetId = (entryData.customFields[i].value) ? entryData.
                    customFields[i].value.replace(/<form mt:asset-id="(\d+)".+/g, "$1"): "";

                    // 記事に関連付けられたアイテムの数を変数yにセットします。
07                  var y = (entryData.assets.length) ? entryData.assets.length : 0;

                    // 記事に関連付けられたアイテムの数だけループします。
08                  for (var x = 0; x < y; x++) {

                        // ループ中のアイテムのIDが、先程のサムネイル用のカスタムフィールドに関連付けられた
                        // アイテムのIDと一致する場合、そのループ中のアイテムのthumbnailUrlの値を
                        // 変数assetThumbnailURLにセットします。
09                      if (entryData.assets[x].id == _assetId) {
10                          assetThumbnailURL = entryData.assets[x].thumbnailUrl;
11                      }
12                  }
13              }
14          }
15      }

        // カテゴリカラーをセットするための変数を定義します。
16      var partCategorycolor = "";
```

```javascript
        // 配列変数categoryColorsの数だけループします。
17      for (var i = 0, l = categoryColors.length; i < l; i++) {

            // 配列の各値（カテゴリラベル@カテゴリカラー）を@で分割し、再度配列変数categoryColorに
            // セットします。
18          var categoryColor = categoryColors[i].split("@");

            // ループ中のカテゴリラベルが記事が属しているカテゴリラベルと一致する場合は
            // 変数partCategorycolorにセットします。
19          if (categoryColor[1] && categoryColor[0] === entryData.categories[0]) {
20              partCategorycolor = " " + categoryColor[1];
21          }
22      }
        // カテゴリアーカイブへのリンクをセットするための変数partcategoryLinkを定義します。
23      var partcategoryLink = "";

        // 配列変数categoryLinksの数だけループします。
24      for (var i = 0, l = categoryLinks.length; i < l; i++) {

            // ループ中の値（カテゴリラベル@カテゴリアーカイブURL）を@で分割し、再度配列変数categoryLinkに
            // セットします。
25          var categoryLink = categoryLinks[i].split("@");

            // ループ中のカテゴリラベルが記事が属しているカテゴリラベルと一致する場合は
            // 変数partcategoryLinkにセットします。
26          if (categoryLink[1] && categoryLink[0] === entryData.categories[0]) {
27              partcategoryLink = categoryLink[1];
28          }
29      }

        // 記事に保存されている各値と、上記変数assetThumbnailURL、partcategoryLinkを用いて
        // HTMLを生成し、関数の戻り値として返します。
30      return [
31      '<div class="list">',
32          '<div class="thum">',
33              '<a href="' + entryData.permalink + '">',
34                  '<img src="' + assetThumbnailURL + '" alt="">',
35                  '<div class="listDescription">',
36                      '<span class="listDescriptionTxt">' + entryData.title + '</span>',
37                  '</div>',
38              '</a>',
39          '</div>',
40          '<p class="listCategory' + partCategorycolor + '">
            <a href="' + partcategoryLink + '">' + entryData.categories[0] + '</a></p>',
41      '</div>'
42      ].join("");
43  }
```

04-06 サンプルテーマについて

今回紹介したサイトのテーマは次のURLからダウンロードできます。

http://book.mynavi.jp/support/pc/4861/

こちらのテーマ（theme_makanai）をMovable Typeをインストールしたフォルダのthemesフォルダにアップロードして、管理画面から適用していただくと利用することができます。

04-06-01 テーマファイル構成

テーマのファイル構成（themesフォルダ）は次のようになっています。

```
/theme_makanai
   - /blog_static
   - /templates
   - theme.yaml
   - thumbnail.png
```

templatesフォルダにはテーマで利用するMTテンプレートが入っています。
blog_staticフォルダにはテーマで利用するcssやJavaScript、画像などが入っています。
templates フォルダの内容は次のようになっています。

```
admin.js.mtml
archive_category.mtml
archive_entry.mtml
comment_listing.mtml
comment_preview.mtml
comment_response.mtml
config.mtml
dynamic_error.mtml
load_js.mtml
```

main_index.mtml
mod_category_list.mtml
mod_googletagmanager.mtml
mod_header_top.mtml
mod_header.mtml
mod_html_head.mtml
mod_script.mtml
mod_search.mtml
mod_tag_list.mtml
popup_image.mtml
search_results.mtml
search.mtml

また、テーマを利用するためのプラグインとして次のものがpluginsフォルダに入っています。

DataAPIExtend
MTAppjQuery

これらをMovable Typeをインストールしたフォルダのplugins、mt-staticフォルダに次のように配置します。

/path to mt
　- /plugins
　　- /DataAPIExtend
　　- /MTAppjQuery
　- /mt-static
　　- /plguins
　　　- /MTAppjQuery

　インストール状況によっては、mt-staticフォルダは別の場所にインストールされているかもしれませんので、インストールした状況に合わせて読み替えてください。
　ウェブサイトのプラグインの設定画面（[ツール→プラグイン]）にあるMTAppjQueryの部分で、user.jsの内容を今回はadmin.jsとして出力しているので、user.jsの設定の箇所でURL欄を出力先のURLにあわせて変更しておきます。

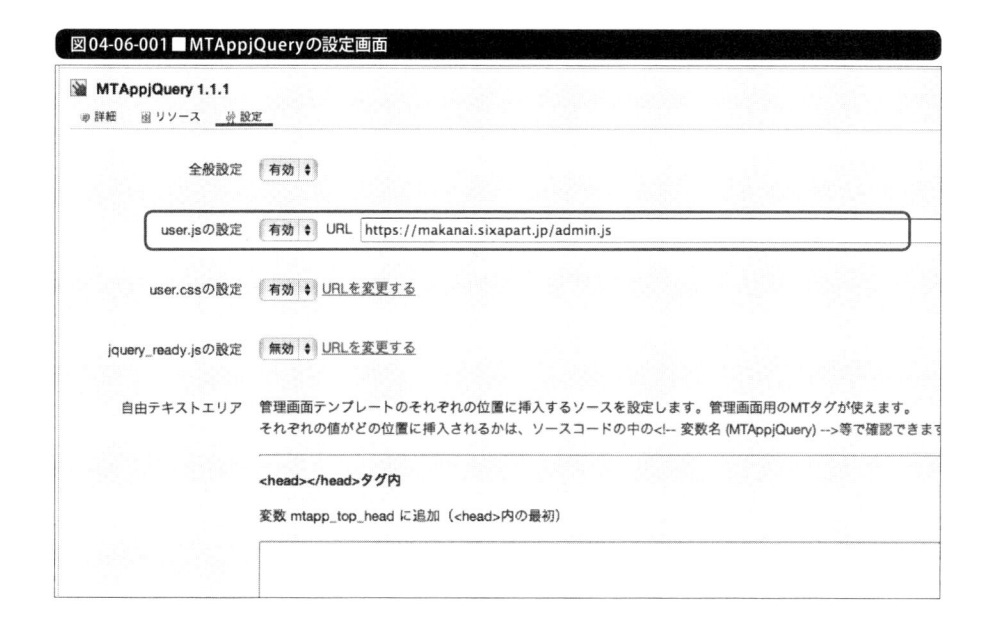

図04-06-001■MTAppjQueryの設定画面

04-06-02 テーマ適用

テーマ、プラグインをアップロードしたら、管理画面からテーマの適用をします。
［デザイン→テーマ］で一覧に次のようにテーマが表示されているのを確認できるかと思います。

図04-06-002■テーマ一覧

テーマを選択して再構築すると、図04-06-003のようになります。

図04-06-003 ■テーマ設定後初期画面

　佐藤さんのプロフィールの左部分はウェブサイトの概要を出力しているので、管理画面で［設定→全般］にある「説明」欄に入力して再構築すれば反映されます。

○ 04-06-03 Data APIを拡張するDataAPIExtendプラグイン

　サンプルサイトでは、Data APIの機能を拡張するためにDataAPIExtendプラグインを作成して利用しています。

　Data APIは、本書執筆時点（2013年10月）においては、初期状態ではカテゴリやタグで取得する記事を絞り込むことができません。また、アイテムのサムネイルのURLも取得することはできません。その点をDataAPIExtendプラグインで補った形になります。

　ここではプラグインの詳しい解説は割愛しますが、DataAPIExtendプラグインのコードはコード04-06-001のようになっています。

コード04-06-001■DataAPIExtendプラグインのconfig.yaml

```yaml
01  name: DataAPIExtend
02  version: 1.0.0
03  callbacks:
04    data_api_pre_load_filtered_list.entry: |
05      sub {
06        my ($cb, $app, $filter, $options) = @_;

07        return 1 if exists $options->{total};

08        for my $key (qw(tag category)) {
09          if (my $value = $app->param($key)) {
10            $filter->append_item({
11              'type' => $key,
12              'args' => {
13                'string' => $value,
14                'option' => 'contains',
15              }
16            });
17          }
18        }
19      }
20  applications:
21    data_api:
22      resources:
23        asset:
24          fields:
25            - name: id
26            - name: createdOn
27              alias: created_on
28              type: MT::DataAPI::Resource::DataType::ISO8601
29            - name: thumbnailUrl
30              from_object: |
31                sub {
32                  my ($obj) = @_;
33                  $obj->thumbnail_url(Width => 220, Square => 1);
34                }
```

　前半のcallbacksに追加している部分がフィルタの拡張、後半のapplicationsに追加している部分がJSONで返ってくるリソースの拡張になります。

索引

●A
Android ··································· 125, 163, 170
Android Asynchronous Http Client ·········· 170
API ··· 120

●C
changeCategory ····························· 193
Chart API ····································· 004
CMS ······································ 002, 056
Cookie ··· 138
createEntry ······························ 141, 199

●D
Data API ······················· 005, 122, 152, 240
DataAPIEntryCategories プラグイン ········ 193
deleteEntry ··································· 142

●F
file_get_contents関数 ························ 155

●G
getBlog ·· 136
getEntry ······································· 198
getToken ······································ 193
getTokenData ··························· 139, 195

●H
HTTP プロトコル ······························ 122

●I
include_blogs ································· 113
iOS ······································ 125, 163, 164

●J
Java ······································· 163, 170
JavaScript ································ 126, 137
JSON ·· 122

●L
listCategories ·································· 134
listComments ································· 134
listCommentsForEntry ······················ 135
listEntries ····································· 128
listTrackbacks ································ 134
listTrackbacksForEntry ····················· 135

●M
Movable Type 3.x ···························· 030
Movable Type 4.292 ························· 030
Movable Type 4.x ···························· 029
Movable Type 6.0 ···························· 003
Movable Type クラウド版 ··················· 008
Movable Type Markup Language ·········· 079
Movable Typeにサインイン ················· 017
Movable Typeをアップグレード ············ 020
MTタグ ······································· 079
MTAppjQuery プラグイン ·················· 214
MTAsset ······································ 088
MTBlog系のテンプレートタグ ············· 085
MTBlogID ····································· 113
MTBlogName ··························· 097, 113
MTBlogs ······································· 112
MTCategory系のテンプレートタグ ········ 086
MTCGIPath ··································· 127
MTElseIf ······································· 101
MTElse ··· 100
MTEntry系のテンプレートタグ ············ 085
MTEntries ······························· 084, 107
MTEntryAssets ······························ 088
MTEntryAuthorID ··························· 185
MTEntryBody ································ 187
MTEntryID ···································· 185
MTEntryMore ································ 095
MTEntryTitle ····························· 084, 186
MTFolder系のテンプレートタグ ··········· 087
MTFor ··· 106
MTGetVar ····································· 108
MTIf ····························· 099, 101, 103, 108
MTIgnore ····································· 082
MTInclude ···································· 113
MTML ··· 079
MTPage系のテンプレートタグ ············· 085
MTSetVar ································ 097, 108
MTSetVarBlock ······························ 098
MTStaticWebPath ··························· 127
MTSubCatsRecurse ·························· 086
MTTopLevelCategories ····················· 086
MTUnless ······························· 100, 118
MTWebsite系のテンプレートタグ ········· 085
MTWebsiteURL ······························ 112
MultiBlog ······························ 061, 114, 117
MySQL ·· 009

●N
nameモディファイア …………………………………… 099

●O
Objective-C ……………………………………………… 163, 164
opモディファイア ……………………………………… 108

●P
PHP ………………………………………………………… 152
phpMyAdmin …………………………………………… 047
postEntry ………………………………………………… 193

●R
Rainier …………………………………………………… 080
REST ……………………………………………… 005, 122, 152
revokeAuthentication …………………………… 140, 194

●S
setvarモディファイア ………………………………… 097
showUserName ………………………………………… 193
SSI ………………………………………………………… 074
strip_linefeeds ………………………………………… 098

●U
updateEntry ……………………………………… 142, 199
uploadAsset ……………………………………………… 147

●V
Vagrant …………………………………………………… 037
valueモディファイア ………………………………… 108
VirtualBox ……………………………………………… 037
VPS ………………………………………………………… 007

●W
Web API ………………………………………………… 120

●あ
アーカイブテンプレート ……………………… 069, 072
アーカイブページ ……………………………………… 062
アーカイブマッピング ………………………………… 072
アイテム ………………………………………………… 147
アイテムの情報の出力 ………………………………… 088
アクセストークン ……………………………… 139, 154
アップグレード ………………………………… 025, 029

●い
インデックステンプレート …………………… 069, 071, 109

●う
ウィジェット …………………………………… 076, 118
ウィジェットセット …………………………………… 076
ウィジェットテンプレート …………………………… 078
ウェブサイト ………………………………… 016, 056, 179
ウェブサイトテンプレート …………………………… 069
ウェブページ …………………………………… 066, 072

●え
エンドポイント ………………………………………… 152
エントリー ……………………………………………… 080

●か
改行を変換 ……………………………………………… 180
カスタムフィールド …………………………… 089, 212
カスタムフィールドに値を入力 …………………… 093
カスタムフィールドの値を出力 …………………… 094
カスタムフィールドの種類 ………………………… 091
仮想環境ソフト ………………………………………… 037
カテゴリ …………………………………… 062, 064, 134
カテゴリの並べ替え …………………………………… 065
カテゴリ/フォルダの情報の出力 …………………… 086
管理画面 ………………………………………… 056, 123
管理者のアカウント …………………………………… 015

●き
記事 ……………………………… 062, 066, 072, 128, 160
記事/ウェブページの情報を出力 …………………… 085
記事リスト ……………………………………………… 072
キャッシュ ……………………………………………… 074

●く
クラウド ………………………………………………… 007
繰り返し(ループ)処理 ……………………………… 106
グローバルテンプレート ……………………………… 069
グローバルナビゲーション …………………………… 110
グローバルモディファイア …………………………… 081
クロスサイトスクリプティング ……………………… 186

●け
権限の付与 ……………………………………………… 182
検索結果 ………………………………………………… 075

●こ
公開 ……………………………………………………… 063
公開終了日 ……………………………………………… 004
コールバック関数 ……………………………………… 128

個人無償ライセンス	009
コメント	082, 134
コメント完了	075
コメント投稿者がMovable Typeに登録することを許可する	181
コメントプレビュー	075

●さ

サーバー	006
サーバーサイドインクルード	074
サーバーを移転	046
再構築	056, 059
サイドバー	076
サブカテゴリ	064

●し

システムオブジェクト	091
システム管理者を選択	181
システムチェック	011
システムテンプレート	069, 075
出力	098
条件分岐	099
商用ライセンス	009

●す

ステータス	063

●た

ダイナミックパブリッシングエラー	075
代入	097
ダッシュボード	003

●て

データベース	009
テーマ	057
テンプレート	068
テンプレートタグ	079, 085, 093, 109
テンプレートタグ名	080
テンプレートの例	093
テンプレートモジュール	069, 074

●と

トラックバック	134

●は

パーミッション	010

●ひ

表示オプション	093

●ふ

ファンクションタグ	079
フォルダ	066
フォルダの管理	067
プラグイン	061, 114, 178
ブログ	056, 179
ブログ／ウェブサイトの情報を出力	085
ブログツール	002
ブログテンプレート	069
ブロックタグ	079

●へ

ベースネーム	065, 093
変数	096, 247
変数同士を比較	105
変数に値を代入	097
変数の値を出力	098
変数名	096, 099

●ほ

保存と再構築	070

●め

メールテンプレート	070

●も

モディファイア	081, 099

●よ

予約変数	103, 107, 118

●り

リソース	152

■著者プロフィール

藤本 壱（ふじもと はじめ）

1969年に兵庫県伊丹市で生まれ、現在は群馬県前橋市在住。1993年からフリーライターとして活動し、パソコン関係やマネー関係などの執筆を行っている。
2004年秋からMovable Typeを使い始めてすっかりハマり、プラグインを作ったり、Movable Type関係の本を執筆したりしている。ブログ「The Blog of H.Fujimoto」（http://www.h-fj.com/blog/）でも、Movable Typeの情報を多く発信している。
本書ではChapter 01〜Chapter 03を担当。

bit part 合同会社

奥脇知宏、柳谷真志の2人で2013年1月のユニット結成をへて、2013年8月に設立。Six Apart ProNet、PowerCMS Partner Pro。
Movable Typeの管理画面を簡単にカスタマイズできるMTAppjQueryプラグインや高速Ajax検索を実現するjQueryプラグインflexibleSearch、Sublime TextでMTタグの入力補完が可能になる拡張機能のMTML Completionsなどを作成して配布している。
http://bit-part.net
本書ではChapter 04を担当。

奥脇 知宏（おくわき ともひろ）@tinybeans

1976年生まれ、2児の父。Web制作とは関わりのない仕事をしながら、独学でWeb制作関連の技術を学ぶ。個人のブログ「かたつむりくんのWWW」（http://www.tinybeans.net/blog/）では、Movable TypeやjQueryの自作プラグインやTipsなどを公開。「Update Me Everyday！」をモットーに日々精進中。

柳谷 真志（やなぎや まさし）@mersy

1981年青森県青森市生まれ。Web制作のアルバイト、Web制作会社勤務を経て独立。
2012年2月、「アイ・ペアーズ株式会社」を設立。取締役副社長。
2013年8月、「bit part合同会社」を設立。Movable Type、PowerCMSを使ったサイト構築、設計を多く手がける。

■STAFF
監修: シックス・アパート株式会社
制作協力: 伊藤 のりゆき
DTP: 大西 恭子
ブックデザイン: 井口 文秀_intellection japon
編集: 角竹 輝紀

Movable Type 6 本格活用ガイドブック
2013年11月30日 初版第1刷発行

著 者　藤本 壱・柳谷 真志・奥脇 知宏
発行者　中川 信行
発行所　株式会社マイナビ
　　　　〒100-0003　東京都千代田区一ツ橋1-1-1　パレスサイドビル
　　　　　　TEL：048-485-2383（注文専用ダイヤル）
　　　　　　TEL：03-6267-4477（販売）
　　　　　　TEL：03-6267-4431（編集）
　　　　　　E-Mail：pc-books@mynavi.jp
　　　　　　URL：http://book.mynavi.jp
印刷・製本　シナノ印刷株式会社

©2013 Hajime Fujimoto , Masashi Yanagiya , Tomohiro Okuwaki. , Printed in Japan
ISBN978-4-8399-4861-0

・定価はカバーに記載してあります。
・乱丁・落丁についてのお問い合わせは、TEL：048-485-2383（注文専用ダイヤル）、電子メール：sas@mynavi.jpまでお願いいたします。
・本書は著作権法上の保護を受けています。本書の一部あるいは全部について、著者、発行者の許諾を得ずに、無断で複写、複製することは禁じられています。